历史無绝代
社会無终态
科学無止境
真理無绝伦

宋健
二〇一三年十一月廿二日

纪念国家杰出贡献科学家——钱学森

系统思想之光

——系统科学与系统工程名家访谈录

中国航天系统科学与工程研究院科学技术委员会 组织编写

中国宇航出版社
·北京·

图书在版编目（CIP）数据

系统思想之光：系统科学与系统工程名家访谈录/中国航天系统科学与工程研究院科学技术委员会组织编写. -- 北京 ：中国宇航出版社，2013.12

ISBN 978-7-5159-0561-7

Ⅰ.①系… Ⅱ.①中… Ⅲ.①系统工程—文集 Ⅳ.①N945-53

中国版本图书馆 CIP 数据核字(2013)第 286087 号

责任编辑　刘亚静　赵宏颖　**责任校对**　祝延萍　**装帧设计**　文道思

出版发行　中国宇航出版社

社　址　北京市阜成路 8 号　**邮　编**　100830

(010)68768548

网　址　www.caphbook.com

经　销　新华书店

发行部　(010)68371900　(010)88530478(传真)

(010)68768541　(010)68767294(传真)

零售店　读者服务部　北京宇航文苑

(010)68371105　(010)62529336

承　印　北京中新伟业印刷有限公司

版　次　2013 年 12 月第 1 版

2013 年 12 月第 1 次印刷

规　格　889×1194

开　本　1/16

印　张　16.75

字　数　230 千字

书　号　ISBN 978-7-5159-0561-7

定　价　128.00 元

序

1978年，钱学森等在《文汇报》上发表《组织管理的技术——系统工程》一文，在国内引起了强烈反响。次年10月，钱学森在北京系统工程学术讨论会上发表题为《大力发展系统工程，尽早建立系统科学的体系》的著名讲演，从此开启了国内系统科学体系的探索之旅。1986年在钱学森的倡议、策划和组织下，航天七一〇所举办了持续七年半的“系统学讨论班”，将系统工程的发展推向高潮。系统工程也因此开始在国内迅速传播并得到大力推广。

从20世纪80年代中期到1992年，每次讨论班钱学森几乎都亲自参加，风雨无阻，并在最后做系统的总结与评述。“系统学讨论班”吸引了全国各地不同领域的学者参加，提出了许多系统科学的新思想和新方法，在全国掀起了系统工程研究热潮，在国内外产生了极大影响。讨论班给航天七一〇所提供了一个支撑航天、服务国家的研究平台。在钱学森、宋健、马宾等著名专家的指导和支持下，系统工程被广泛应用于经济、人口、国防等诸多领域，为国家政策制定提供了有力的论证和预测，并取得较好成绩，所取得的成果多次获得国家或省部级科技进步奖，在社会引起强烈反响。当时的七一〇所也因此得到了航天内部的普遍赞誉，同时也受到党和国家的高度重视，成为中央决策的智库之一。

航天七一〇所是钱学森教授金色晚年系统思想形成与发展的摇篮。正如钱永刚教授所总结的那样：“钱学森晚年最大的两个亮点思想（系统学和从定性到定量的综合集成方法）都是在七一〇所完成的，这里是诞生辉煌成就的地方。”换句话说，七一〇所当之无愧是中国系统工程发展的策源地。重组后的中国航天系统科学与工程研究院（以下简称系统院）秉承“支撑航天，服务国家”的宗旨，发扬与创新系统工程思想理论方法，为航天、国防、经济社会发展提供有力理论支撑和决策服务。正如航天七一〇所的第一任所长宋健院士所说：“很赞成系统院‘支撑航天，服务国家’

的口号”，“系统院要在引导航天未来发展方面多做努力，要从国家的利益和当前的形势出发为今后15～20年航天的发展做出规划；要重视横向课题，提出一些服务国家的战略思想”。在老一辈科学家和教育家的指引下，系统院的广大科研工作者不断探索系统工程的理论方法，在支撑航天大国向航天强国迈进的同时将系统工程推广到更多领域，应用到各行各业，为国家贡献力量。

当前，国家开启了全面深化改革的新征程，需要借助系统工程综合集成优势，加强总体设计和顶层谋划，而中国航天发展需要做好顶层设计，强化战略管理的新要求对系统工程研究提出了更高的需求。新的历史起点上，如何再次举起系统工程这面“大旗”，重振系统工程雄风，是系统院急需解决的重要课题。2013年初系统院继承钱学森倡办的“系统学讨论班”的优良传统，重启“系统工程高级研讨班”。高级研讨班本着科学研究、发散思维、引发共鸣与争鸣的原则，邀请各领域、各行业和各专业的系统工程知名专家、学者汇聚一堂，展开广泛的交流与探讨。到目前为止系统工程高级研讨班已经成功举办了数十次内容丰富的讲座，有于景元教授的《从定性到定量综合集成方法案例研究》、顾基发教授的《专家（意见、知识、思想、智慧）挖掘》、郭宝柱教授的《大型复杂技术项目管理的系统思维与系统工程方法》、汪寿阳教授的《TEI@I方法论及其在经济分析与金融预测中的运用》、钱永刚教授的《钱学森系统理论思想形成的背景及应用》等等，使重振系统科学体系取得了初步的成果。重启“系统工程高级研讨班”得到了系统院、航天系统及社会各界的关注与支持。顾基发教授表示：“（自己）如今回来参加‘系统工程高级研讨班’感觉像是回到了娘家。”2013年10月11日《中国航天报》刊登《让系统工程在研讨中焕发活力》一文，详细报道了系统院为继承与发扬系统工程所做出的一系列努力，并给予高度评价。

与此同时，为推进系统工程研究工作迈向更高阶段，实现前人与后人在系统科学思想上的承续性，2013年5月起，系统院科技委全面启动系统工程专家访谈工作。通过座谈、走访、听取报告等形式，对近百位航天系统内外知名专家、学者、工程实践者等进行了面对面的交流，并获取了关于系统工程思想理论方法的第一手资料。这项工作能够凝聚一切资源和智慧，丰富系统科学体系，推动学科发展与建设；能够让年轻的系统工程人才积累经验，提升知识结构，培育系统工程新生代力量；同时也对系统院未来发展定位进行了全方位、多角度的审视，为系统院肩负起重振系统学科指明了方向。

系统工程专家访谈内容大都是系统工程专家毕生的研究成果或工程实践总结，这是一笔宝贵财富，应该让其发挥更大的价值作用，让更多的人能够从中汲取营养。为此，我们将这些宝贵的智慧成果汇编成册，编写成《系统思想之光——系统科学与系统工程名家访谈录》一书。访谈录中有原全国政协副主席宋健院士运用系统思维顿悟出的“历史无绝代、社会无终态、科学无止境、真理无绝伦”之道、有国防科工局科技委主任栾恩杰院士“中国航天系统工程是航天实践活动运行的结晶”的系统概括、有中国工程院李佩成院士的“谈治水哲学”、有著名经济学家马宾的“系统工程在社会经济系统中的应用”、有中国气象局许健民院士的“谈风云气象卫星在地面的应用系统”、有大连理工大学王众托院士的“谈中国系统工程学科的创建与发展”、有著名系统工程专家于景元的“综合化分析，系统化集成是系统工程的科学思路”等。本书内容丰富、覆盖面全，是一本融研究性、可读性和查阅性为一体的系统工程观点集成的书籍。

寻求系统工程真理的道路漫漫其修远兮，吾辈将上下而求索！谨以此书纪念杰出科学家钱学森教授。

大师风范，后继无边！

薛惠锋

2013 年 11 月 26 日

目 录

系统工程重在应用

作者简介

宋健，1931 年 12 月生，山东荣成人，苏联莫斯科包曼工学院研究生毕业，中国科学院、中国工程院院士。曾任航天部七一〇所所长、国务委员兼国家科委主任、全国政协副主席、中国工程院院长。1994 年 4 月，被聘为俄罗斯科学院外籍院士。1994 年 11 月，当选为瑞典皇家工程科学院院士。2000 年 2 月，当选为美国国家工程院外籍院士。是中国系统工程的早期研究者和实践者，在工程控制论和人口控制论的研究和实践中作出了杰出贡献。

专家观点

一、系统工程重在应用

系统科学主要是一种科学应用的方法论，本身不能形成产业。20 世纪 60 年代，世界范围内出现了系统工程热，但这些研究者后来大多从事了其他行业，如电力、飞行器设计和经济等。前些年，系统科学和系统工程学科也出现了危机，在国外一些大学被合并到了其他院系，如电机系、数学系、计算机系等。系统科学与系统工程的发展必须依附于社会生产大发展的需求，当年我国比较缺这方面的人才，所以在国内多所院校设立了自动控制、系统工程等专业。系统工程本身有自己的理论，有自己的研究对象，有还未解决的问题，但不必非作为一门独立的科学，而应重在应用，应用到各个行业、各个领域、各个工程。

二、系统院要发挥航天未来发展的引导作用

笔者很赞成中国航天系统科学与工程研究院（以下简称“系统院”）“支撑航天，服务国家”这个口号。一直以来，系统院在引导航天未来发展方面做得不够，没有形成力量，而一院、五院、二炮等在这方面做了大量工作，以后课题重点可以多向这方面引导，让年轻人多熟悉一下一些重要的战略方向，对一些重要的战略课题，如火星要不要去，金星有没有可能去，新型战略导弹下一步怎么办等做详细的研究，包括需求分析、技术分析、可行性论证等，形成方案，提出一些重要的战略意见。系统院完全有能力承担这些工作。还可以聘请一些专家做顾问，也可以借调他们，每周来一天，与研究院有兴趣的年轻人组成“混合班子”一起研究。系统院要从国家的利益和当前的形势出发，为今后15～20年航天的发展做出规划，并对一些重要的任务进行详细论证，提出初步方案和预研建议。

三、系统院应重视横向课题的研究

横向课题对系统院也很重要，要提出一些服务于国家的战略思想。

航天人一直以来有个毛病就是太专业，主要研究领域内的问题。事实上除了航天本身，它能涉及到的横向问题，如天文、物理、生命学、生物学等也很重要，这些航天能提供支撑的课题都可以去研究。可以聘请一些专家去指导课题，引导一些年轻人去专门思考和研究这些问题，培养他们的兴趣，使他们能够积累知识、了解敌情、提出建议，那些好的建议可以加强力量变成课题、申请经费。

系统工程是系统院的优势，也可以通过一些横向课题把系统工程推广到更多领域，解决一些实际问题，这也可以提高系统院的经济收入。

四、年轻人要坚持追求真理并参与到大的工程中去

“历史无绝代，社会无终态，科学无止境，真理无绝伦”，年轻人要有严谨的治学态度和孜孜不倦的科研精神，坚持追求真理、进取未来、提升理性、反躬自省，多参与到大的工程中。没有组织参与大的工程，就产生不了领军人物，媒体上一直讨论“钱学森之问”，为什么中国缺乏领军的科学家？答案就是没有“淮海战役”。只有组织大的“战役”，才有领军的统帅。

专家主要著作或成果

1. 钱学森，宋健，著．工程控制论．科学出版社，2011.
2. 宋健，于景元，著．人口控制论．科学出版社，1985.
3. 宋健，主编．现代科学技术基础知识．中共中央党校出版社，1994.
4. 宋健，著．中国人口控制．理论应用（英文）.

系统工程在社会经济系统中的应用

作者简介

马宾，男，原名张源，1913 年生，安徽省滁州市人。1932 年加入中国共产党，次年参加上海文化界救国会，后任新四军政治部编译组组长，新四军军部军法处科长，中共射阳县委书记，松江省军区民运部部长，中共哈东地委书记，辽宁省委秘书长，民运部长。建国后，任鞍山钢铁公司总经理、总工程师。1956 年毕业于苏联西伯利亚钢铁学院。后历任冶金工业部副部长，国家进出口委员会副主任、国务院经济研究中心副总干事、国务院经济技术社会发展研究中心顾问，第五届全国人大代表，中国东北亚国际经济合作促进会领导人。1987—2000 年，任中国社会经济系统分析研究会理事长。

专家观点

一、系统工程在国民经济形势预测中的应用

“年度国民经济发展的政策模拟和经济形势分析”是 1985 年航空航天部七一〇所受中国社会经济系统研究会筹备组委托承担的课题。为了配合我国经济体制改革，推进国家宏观管理现代化和决策科学化的研究工作，七一〇所在著名科学家钱学森、宋健，经济学家马宾等同志的倡议和指导下，应用系统科学理论、控制理论、系统工程方法、计量经济学方法以及计算机技术，对各种大规模复杂经

济系统进行了建模、动态分析、预测和政策模拟和优化。

自1985年以来，七一〇所在马宾同志指导下，通过建立国民经济年度政策模拟和经济形势分析模型，较好地完成了1985—1989年每两年的国民经济形势预测和经济政策模拟的可行性论证，并将研究报告上报国家有关宏观决策部门，为各级领导和决策部门提供决策的定量科学依据和参考信息。七一〇所采用定性定量相结合的科学方法，对我国宏观国民经济进行了定性定量研究，取得了较好的效果，多次受到有关部门的专家、领导以及中央领导同志的肯定和称赞。

二、系统工程在中国人口政策研究中的应用

国家科委《中国人口控制与对策研究》小组，在各级领导关怀下，在马宾、于景元等同志的直接负责下，在各参加单位努力下，在中国人口政策评估、人口控制对策等方面取得了许多研究成果。这些研究成果曾多次作为中央政治局、国家计委、国家计生委、人大及政协等决策领导部门进行讨论、决策中国人口问题的重要依据资料，为推进我国人口决策的民主化、科学化起到了一定作用。1990年全国人口普查为搞清楚我国人口基本国情提供了基础数据。对这些数据的分析研究是对我国人口发展态势做出科学判断的前提。

在此背景之下，七一〇所申请开展中国人口控制与对策研究。当时，中国人口问题引起了国内外各界人士的广泛关注，有很多的研究单位和个人从事这方面的研究，但研究问题的方法和角度彼此之间各有不同。其中有完全的定性刻画描述，也有采取人口统计学的方法，同时配有各种人口统计分析软件。七一〇所把人口系统看成是一个极其复杂的社会巨系统，其系统运行过程特殊复杂，不可能存在固定的模式和规模，由此提出定性与定量综合集成的基本方法，揭示人口及社会经济发展过程中更深刻的内部性质和某些特殊规律，运用已有的系统科学的研究成果，并采用系统工程、人口控制论、专家系统等传统的方法。

七一〇所承担的《中国人口控制与对策研究》项目成果以研究报告的形式向中央领导、国家计委、国家计生委等呈送，得到了领导的认可，为中国搞好计划生育工作，实行中国人口社会经济协调发展起到了很大作用。

建设生态文明是一项宏大的社会系统工程

作者简介

张文台，1940年4月出生，男，汉族，山东胶州人。中国共产党党员。中国人民解放军高级将领，上将军衔。中央党校函授学院党员领导干部在职研究生班毕业，中央党校研究生学历。曾任长山要塞区守备团排长，长山要塞区守备团副政委，济南军区守备师政委，某集团军政委，济南军区政委，总后勤部政委等职，为中国共产党第十六届中央委员会委员。

专家观点

生态是包括人在内的生物及其环境间的一种相互作用关系。文明是人类在特定领域所取得的成就总和及其进步状态。文明非常紧密地和生态结合到一起，宣告了人类一个全新的文明形态即将诞生！

党中央高度重视生态文明建设。党的十七大报告按照科学发展观，从经济、政治、文化、社会、生态五大方面对全面建设小康社会奋斗目标提出了新的更高要求。在这个目标体系中，生态建设得到空前重视，首次与经济建设、政治建设、文化建设、社会建设放在同等重要的位置；同时，“生态文明”一词也被首次写入政治报告。党的十八大报告指出：“建设中国特色社会主义，总依据是社会主义初级阶段，总布局是五位一体，总任务是实现社会主义现代化和中华民族伟大复兴。”报告中明确提出全面落实经济建设、政治建设、文化建设、社会建设、生态文明建设五位一体总体布局。中国特色社会主义的总体布局从“四位一体”扩展为“五位一体”。报告进一步明确了科学发展观的历史定位，实现了党的指导思想又一次与时俱进。

从十七大的“四位一体”到现在的“五位一体”，增加了生态文明建设，是在着力解决现代化进程中人与自然的关系，努力实现全面协调可持续的发展道路，是科学发展观的本质要求。生态文明建设的增加使中国特色社会主义事业总体布局更加完善，使生态文明建设的战略地位更加明确，对中国以及全球实现可持续发展意义重大。

开展生态文明建设，保护环境、节约资源、推动可持续发展，是世界性的大事。现在是中央高度重视，群众非常关注。应该说，生态文明就是要求人们尊崇自然规律、谋求持续发展，以便达到生产提高、生活富裕、环境良好、全面发展的目的。它实质上要求人们：一要正确处理好人与自然的关系，不能盲目开发，浪费资源，破坏生态环境，给人类带来灾难；二要正确处理好人与人、人与社会之间的关系，不能只顾自己不顾他人、只顾本代人不顾后代人，妨碍他人及子孙后代的发展，也不能只管发展，不顾社会的承载能力，甚至引起公众的动荡不安；三要正确处理好生产与消费的关系，不能粗放型地生产，高消耗、高污染，也不能盲目地追求高消费，造成资源和产品的严重浪费。

我们现在都知道，保护环境就是保护生产力，破坏环境就是破坏生产力。生态文明理念必须落实到行动中去，有知有行，这就要求各级干部，尤其是领导干部，除了在执政意识中增强生态文明理念外，还必须了解怎样实施生态文明建设这一宏大的社会系统工程。

生态文明建设这一宏大的社会系统工程，是一场伟大而又深刻的革命，必须加强党的领导，由政府大力推动，并形成全社会广泛参与、深入参与、持续参与的浩荡大势。建设生态文明，当务之急之一就是必须尽快建立起十个体系。

一、强有力的能级领导体系

我们国家任何一项伟大事业的最终成败，很大程度上取决于是否拥有一个强有力的领导体系。有则成，无则败。这也是我们党60余年执政历程所总结出来的基本经验。生态文明建设从政治的高度要求党和政府重视生态环境建设问题，把解决生态环境问题、建设生态文明作为贯彻落实科学发展观、构建和谐社会的重要内容。这就要求我们的领导树立正确的发展观和生态观。把生态文明建设作为实现好、维护好、发展好人民群众根本利益的一项重要任务，特别是领导干部要树立正确的发展观和生态观。各级政府应发挥主导和主体作用，为推进生态文明建设提供制度基础、社会基础以及相应的设施和组织保障。把生态文明建设的绩效纳入各级党委、政府及领导干部的政绩考核体系，纳入总体发展规划，建立健全监督制约机制。

作为深入贯彻落实科学发展观的应有之义，建设生态文明是中国特色社会主义道路探索实践上的新飞跃，如要取得成功，则必须通过强化思想建设、队伍建设、制度建设和科学考评四个方面的工作，必须进一步加强领导体系建设工作，打造一支强有力的领导干部队伍。

二、规范的绿色企业运营体系

当前，我国经济社会正进入一个关键的发展阶段。经济社会的快速发展，对环境保护主体特别是作为排污单位的企业提出了更高的社会责任要求，同时也为企业的发展提供了更加广阔的舞台和新的空间。

企业作为建设和谐社会的一股重要力量，是维护生态文明的生力军。这支队伍对生态文明的认识程度，直接关系到社会经济发展中生态环保的力度。从企业自身的生存和发展角度来看，企业必须跳出把利润作为唯一目标的传统理念，转而关心、回报社会，保护生态环境，强调自己对消费者、对环境、对社会的责任，提高企业建设生态文明能力和拓展建设生态文明的领域，遵守企业伦理和商业道德，体现自己的文化取向和价值观念，使企业得以保持生命力，保持长期可持续发展。

三、广泛的社会参与体系

社会参与是指人民群众和社会各界通过一系列正式的和非正式的途径直接参与到公共事务中。人民群众和社会各界有权利参与关系自己切身利益的公共事务，有权利对公共事务过问、咨询、提意见。提倡社会参与，是中国发展观与执政理念的伟大转变，是中国民主法制与政治文明逐步成熟的具体体现。

建设生态文明不仅仅关系到某个集团、某个阶层的利益，而是关系到每一个人的切身利益。加强生态文明建设的过程就是提高生活品质的过程，也是改善人民生活质量的过程，它不仅影响到当代人，而且影响到子孙后代。可以说，建设生态文明，是一项功在当代、利在千秋的伟业，这样一项伟大的事业需要全社会的共同参与。没有全社会共同参与的生态文明建设很难走远。因此，需要建立广泛的社会参与体系，动员社会各界积极投入到生态文明建设中来，在全社会形成关心、支持、参与生态文明建设的良好氛围，使全社会广泛参与成为一项实践生态文明的自觉行动。

四、严格的法律保障体系

法是文明的产物，它标示着文明进步的程度。生态文明建设的广泛性、复杂性和系统性，需要法律的调整和保障，法的规范性和强制性使法律具备了有效地保护生态文明建设的能力，其作用在于用刚性的制度约束人类的不文明行为，惩罚破坏文明的行为。

法律是生态文明建设长期的、稳定的、强有力的保障。生态文明法律保障体系建设要加快立法步伐，健全生态环境保护法规和标准体系，加大对违法行为的处罚力度，重点解决“违法成本低、守法成本高”的问题；要强化环境执法，开展整治违法排污企业、保障群众健康环保的专项行动，加强对环境高危企业的安全检查，严肃查处环境违法行为；要充分利用司法手段，支持和加强环保工作；要形成全民守法的良好氛围，领导要依法决策、部门要依法办事、企业要依法运转、群众要依法维权。要健全环境管理体制，要加强环境法律监管制度建设，健全法律监督机制，认真贯彻依法治国基本方略，依法全面推进生态文明建设。

五、完备的政策导向体系

近年来，我们国家在加大对生态文明建设工作重视的同时，也在大力完善促进生态文明建设工作的政策导向体系。从这些年国家生态环境建设工作的经验总结得出：生态文明建设不能单单只靠道德力量的推动，更需要国家制定相关法律法规和必要的政策加以约束和引导，通过制定和完善相关机制，运用宏观调控及多样化政策手段，能够有效并大力的推进我国生态文明建设进程。当前，如何充分发挥经济的杠杆作用，建立经济社会发展与生态环境改善相互促进的良性循环机制，是生态文明建设工作的重中之重。结合国家已经出台的各项宏观政策和我在工作中的一些体会，在进一步建立完备的政策导向体系方面我们着力要做好以下几个方面的工作：

一是要坚持改革开放和发展社会主义市场经济的财政税收理念，按照“谁开发谁保护、谁破坏谁恢复、谁受益谁补偿”的原则，强化资源有偿使用和污染者付费政策，综合运用价格、财税、金融、产业和贸易等经济手段，改变资源低价和环境无价的现状，形成科学合理的资源环境的补偿机制、投入机制、产权和使用权交易等机制，从根本上解决经济与环境、发展与保护的矛盾；二是要改革不合理的资源定价制度，使资源价格正确反映其市场的供求关系、资源稀缺程度和环境损害成本。逐步扩大资源税征收范围，提高征收标准并实行有利于资源节约的计税方法，适时开征生态环境保护税种，合理提高各类排污费征收标准。继续限制原材料、粗加工和高耗能、高耗材、高污染产品的出口；三是要探索推行资源环境资产化管理和环境产权、使用权交易制度，建立公开、公平、 竞争的资源初始产权配置机制和二级市场交易体系。改革生态环保投融资体制，重点在城市污水、垃圾处理、集中供热、供气等市场化条件较好的领域推行政府特许经营制度，鼓励社会资本进入，推动企业成为节能环保的实施主体和投入主体，形成市场化、社会化运作的多方并举、合力推进的投入格局。

六、先进的生态经济体系

生态文明的提出，丰富了科学发展观和社会主义文明观的内涵。它是对传统工业文明进行深刻反思的成果，是人类文明形态和文明发展观念、道路和模式的重大进步。经济的生态化为是建设生态文明的奠定了经济基础。生态经济是指在生态系统承载能力范围内，通过改变生产模式、流通方式、分配方式和消费方式，形成体制合理、社会和谐，生态健康、环境优美的社会经济形态。我国人均资源少，产出和利用率低下，这正是我国构建先进的生态经济体系的出发点，因此，必须在发展模式上，促进循环经济尽快形成；在运作上，充分发挥市场的积极作用，广开融资渠道，合理配置资源，最终实现社会、经济、生态的持续发展。

七、繁荣的生态文化体系

从本质上讲，生态文化就是以人为本，协调人与自然和谐相处关系的文化，反映事物发展的客观规律，是一种启迪“天人合一”思想的生态境界，是倡导健康、文明的生产生活消费方式的文化。但生态文化作为一种文化形态，在市场经济条件下，资本的追本逐利和人的贪婪本性会使任何一种文化在物质欲求面前被弱化，甚至被摈弃。在开放的社会、开放的时代，文化热点频频移动、文化样式迅速代换，生态文化也将面临苍白无力、昙花一现的危险，只有建立起相应的生态文化体系，才能从根本上改善人与自然的关系。

建设生态文化体系的核心内容，就是要普及生态知识，宣传生态典型，增强生态意识，繁荣生态文化，树立生态道德，弘扬生态文明，倡导人与自然和谐的重要价值观，努力构建主题突出、内容丰富、贴近生活、富有感染力的生态文化体系。生态文化体系的建立，将生态文化转化为具有理论意义的生态文化学科，转化为具有实践意义的具体文化，转化为构建和谐社会的精神动力，转化为全球化背景下文化传承的载体，具有重要的理论意义与实践意义。

八、现代化的科技支撑体系

邓小平同志指出：科学技术是第一生产力。科技是生态文明建设的根本动力，生态文明建设涉及到观念转变、产业转换、体制转轨、社会转型等方方面面，哪一方面都离不开科技的支撑。建设生态文明与科技进步须臾不可分割，生态文明需要正确合理地利用科学技术，正确引导科学技术健康发展，注重运用现代科学技术和管理方法，节约能源，降低消耗，提高质量，优化产业结构，促进我国经济从高消耗、低效益向低消耗、高效益转变。要把建设生态文明的决策部署落到实处，就必须把推动科技进步的政策措施落到实处；要在建设生态文明上取得进展，就必须在科技进步上取得进展。生态文明建设要靠科学创新、靠科学管理，要真正重视生态文明建设，就必须真正重视科技进步，离开技术讲发展就没有出路，离开技术讲节约资源、保护环境也就无从说起。

九、跨区域的交流合作体系

发展县域经济也好，发展跨行政区划的区域经济也好，考虑部门发展也好，都不能只考虑自身的局部利益，而不顾全局利益，不顾“左邻右舍”，更不能“以邻为壑”。只有全局发展得更快了，更强大了，对局部的支持才会更有能力，才能带动各个局部持续快速健康地向前发展。这就要求地方经济发展不能“各自为战”，而要进行充分的交流与合作。跨区域交流与合作是大势所趋、发展潮流。区域协作有利于整合资源、优势互补，有利于实现集约发展、协调发展。区域交流与合作，一是要健全区域合作的法律与政策环境。到目前为止，区域之间的交流与合作还缺乏法律与政策方面的协调一致；二是要强化区域之间的联合执法监督，消除制度性障碍，避免地区保护主义造成区域间恶性竞争；三是要学会运用法律、政策以及其他途径来解决跨界纠纷；四是通过建立区域共同市场，解决产业结构趋同、基础设施建设缺乏统一规划等问题；五是要从思想文化、人才与技术等方面进行广泛的沟通和交流，实现资源共享、优势互补。

区域既有竞争，更有合作。必须以积极的姿态、主动的热情、充实的干劲，相互沟通、相互交流、相互帮助，共同解决发展中遇到的生态和环境问题。必须要有“一盘棋”的理念，大局意识、协作意识和忧患意识，切实发挥交流与合作机制的作用。

十、国际化的交流合作体系

由于人口迅速增加、生产持续发展和工业不断集中，人类消耗的自然资源越来越多，所面临的粮食短缺、能源紧张、生态破坏和环境污染等问题日益突出，导致环境问题不单单是哪一个国家或者哪一个地区的事情，而是全人类共同面对的问题，如：全球气候变化，臭氧层破坏，大面积越境酸雨和风沙，海洋污染，有害废物和垃圾越境转移和扩散，生物多样性锐减，自然遗迹和文化遗迹的破坏，以及全球森林减少、土地和湿地退化、水土流失和荒漠化、全球水资源危机等。

从地域分布来看，全球环境恶化所造成的影响，无论是亚洲、非洲，还是欧洲、美洲，甚至是人迹罕至的南极、北极，最终无一能够幸免。全球环境问题的形成涉及多方面的因素，与人口、资源、发展等问题相互影响、相互缠结、相互制约；其次，全球环境问题超越了许多传统范畴，与国家主权、外交、经贸、安全等问题交织在一起。环境问题具有超民族、超意识形态的特点，如何妥善地解决这些问题，既涉及到全人类当前的和长远的利益，也与每一个人息息相关，因而具有共同性和相互关联性。这种共同性和相互关联性，要求人们克服国家、民族、集团的偏见，超越意识形态的分歧，采取协调行动，不断拓展和深化国际合作，共同推进全球环境问题的解决。

生态文明是继工业文明之后的一个崭新的文明形态，它是人类文明发展到一定阶段的必然产物。生态文明以尊重和维护自然，维护人类自身赖以生存发展的生态平衡为前提，追求人与人、人与自然、人与社会和谐共生，重点在于引导人们走上可持续发展的道路。联合国世界环境与发展大会确定的可持续发展的五大内容中，无论是环境保护、提高可再生资源的利用比例、节约用水，还是对发展中国家的援助、开展绿色贸易，每一条款都体现着生态文明的建设目标。这说明生态文明建设迎合了当前世界发展的潮流。进行生态文明建设，我们既要立足国内，把自己的事情办好，也要加强国际合作，建立广泛的国际交流与合作体系。在生态文明建设过程中，我们应该与世界各国一道，在更深的层次和更广的范围内采取协调行动，共同应对全球环境问题的挑战。

专家主要著作或成果

1. 张文台，著.生态文明十论.中国环境科学出版社，2012.
2. 张文台，著.来自实践的领导艺术.军事科学出版社，2004.
3. 张文台，著.哲学论修.中央文献出版社，2009.
4. 张文台，著.讲堂文思录——兼论企业如何转危为机.中央文献出版社，2009.
5. 张文台，著.聊天心语：张文台上将人生哲理十三观.华夏出版社，2006.

中国航天系统工程是航天实践活动运行的结晶

作者简介

栾恩杰，1960 年哈尔滨工业大学自动控制专业毕业，1965 年清华大学精密仪器专业研究生毕业，1970 年任航天四院、一院 17 所技术员、工程师，1978 年任航天一院、二院 17 所副室主任、副所长、所长，二院副院长、高级工程师，1988 年任航空航天部总工程师、研究员，1993 年任航天总公司副总经理兼国家航天局副局长，1998 年任国防科工委副主任兼国家航天局局长。2009 年当选中国工程院院士（工程管理学部），曾先后获国家科技进步一、二等奖，部科技进步一、二等奖。出版和发表专著、论文 30 余部（篇）。

专家观点

一、中国航天系统工程是航天实践活动运行的结晶

现在大家对系统工程谈得很普遍，但真正研究和思考的并不多，理解也存在差异。然而，系统工程的产生是实践的必然，只能从实践中提炼、总结，并在实践中凝聚和升华，不可能通过其他理论推演出来。系统工程不是工程系统本身，

而是建造工程系统的组织管理方法。因此，系统工程就具有对象相关性、时代相关性、目标相关性和团队相关性。

系统工程与对象相关，系统工程的运行表征了他的行业特征，不同行业有不同的系统工程，但系统工程也有共性规律，没有共性就构不成科学。系统工程与时代相关，不同的年代有不同的系统工程，即使贝尔公司20世纪40年代提出“系统工程”的概念，但那个系统工程的内涵与当前的系统工程的内涵是不同的。系统工程也与目标相关，系统工程本身就是完成、实现系统目标的过程。系统工程还与团队相关，需要领导的支持，没有领导支持，系统工程就无法运行。

中国航天系统工程是“运行”的必然结果，是在运行中产生的。“运行”是航天系统工程的灵魂。在中国航天发展过程中，有成功的经验，也有失败的教训，如“东风二号”首飞失利。然而失败是科学的探索，是对未知世界的求解，是对内部矛盾的展示，逼着航天人去分析和研究，研究怎么能走到成功的道路上，怎么能正确的分析和研究，通过“八年四弹”、“三抓”等大型航天工程任务，在此基础上进行提炼和总结，就逐渐形成了中国航天系统工程。

二、中国航天系统工程的实质是管理

系统工程是管理学科，更深层次讲，是复杂的工程管理学科。所有管理都可纳入系统工程管理，但主要集中在计划管理、技术管理、质量管理、经费管理、风险管理等几个方面。系统工程管理只关注和系统工程运行本身有关的管理，如航天系统工程经费管理只关心“拨了多少款、花了多少钱、干了多少钱的事”，而不是指经费管理中的会计工作。

航天工程管理是航天系统工程管理最活跃的部分。航天工程管理可分为问题管理阶段、规范管理阶段和道德管理阶段。首先是问题管理阶段，就是不断地发现问题、分析问题和解决问题。其次是规范管理阶段，就是通过对问题阶段的总结和提炼，认识了一些问题的发展规律，从而形成规范，进行管理。最后是道德管理阶段，管理依靠每个人的约束，离开了道德谈管理，一点意义都没有。“每个航天人都要把自己当作设计者、质检者、复核者和校对者”，这才是航天管理的高境界。提高航天系统工程管理，就要在运行中增长知识、增长才干，提高自我约束能力，形成自觉的习惯。

我国“嫦娥工程”充分利用了成熟的火箭与卫星平台，合理设定科学目标和工程目标，组织和谐的工程队伍，科学设计工程研制阶段，并充分运用文化影响等因素，促成了“嫦娥工程”任务的完美成功。

三、中国航天系统工程要津是“过程跟踪、节点控制、里程碑考核”

中国航天系统工程的要津就是“过程跟踪、节点控制、里程碑考核”。中国航天工程系统研制的实施状况及发展情况要时时跟踪，要知情，过程不跟踪就不是系统工程。节点要控制，要及时发现问题、提出问题、报告问题并提出解决办法。里程碑要考核，要有奖有罚，建立规范的责任体系。

中国航天系统工程的要津是可以推广到社会经济等其他领域的，如果都能按照这个要津办事，将会少很多豆腐渣工程。

四、研究院要做冷静思考的战略者

研究院不能仅搞理论研究，而要与鲜活的航天活动相结合，重视实践，在实践中提升。要做冷静思考的战略家，在冷静的思考基础上，开展对重点、热点领域的客观、深刻、科学的研究，如航天对国民经济的带动作用研究、航天育种的安全性研究、航天技术发展路线的研究、赛博空间发展应用的研究、3D 打印在航天中的应用研究等等，真正在“运行”中成为“系统科学与工程研究院”。

专家主要著作或成果

1. 栾恩杰，著．村子情怀：栾恩杰诗词集．中国宇航出版社，2005.
2. 栾恩杰，著．航天系统工程运行．中国宇航出版社，2010.
3. 栾恩杰，著．耕天思絮．中国宇航出版社，2009.
4. 栾恩杰，主编．国防科技名词大典－综合．航空工业出版社，2002.
5. 栾恩杰，主编．国防科技名词大典－航天．航空工业出版社，2002.

6. 栾恩杰，主编．国防科技名词大典－船舶．航空工业出版社，2002.

7. 栾恩杰，主编．国防科技名词大典－核能．航空工业出版社，2002.

8. 栾恩杰，主编．国防科技名词大典－电子．航空工业出版社，2002.

9. 栾恩杰，主编．舰船．中国宇航出版社，1999.

10. 栾恩杰，主编．国防科学技术普及丛书：航空．中国宇航出版社，1999.

11. 栾恩杰，主编．国防科学技术普及丛书：兵器．中国宇航出版社，1999.

12. 栾恩杰，主编．国防科学技术普及丛书：航天．中国宇航出版社，1999.

13. 栾恩杰，主编．国防科学技术普及丛书：原子能．中国宇航出版社，1999.

系统工程是一个多专业的综合体

作者简介

孙家栋，男，1929年生，运载火箭与卫星技术专家、中国科学院院士、国际宇航科学院院士、西安电子科技大学空天研究院院长。历任国防部五院一分院设计部研究室主任、七机部五院院长、航空航天部副部长、中国航天工业总公司科技委主任等职。现任航天科技集团公司高级技术顾问、国家航天局特别顾问、总装备部科技委顾问。

专家观点

一、系统工程是一个多专业的综合体

20世纪50年代初期，新中国刚建立，百废待兴。国家的经济、财力、物力、科技水平都很落后。在此背景下，中央下大决心搞导弹事业，但到底能不能成功并不是很清楚。正是这时候，钱学森回国了，他给中央很清楚地回答“中国人一定能搞，同时一定能搞出来”，这对中央下定决心起到了很大的支撑作用。

中央将这项任务委托给了钱学森。钱学森开始进行了各种调研。而这次调研正是以他头脑中的系统工程思想为指导，他认为：系统工程是一个多专业的综合体，是多专业综合交叉逐步产生的新产品、新效果、新性能。导弹工程是控制技术、动力技术、材料技术、电子技术等这些当时先进技术的最大综合体。

二、系统工程需要有一个非常明确的牵头单位

中国的导弹研制从仿制开始。1958 年 6 月，中国从苏联引进了全套近程导弹的生产资料，开始仿制导弹。然而在机构建设上，苏联只给了老五院一个建设编号 8102，具体怎么建我们并不知道，于是当时按专业分成了一院、二院和三院。然而，在实践一段时间后发现，这样建根本就不行。一项大工程，没有一个明确的总体牵头单位，大家平起平坐，是办不起来的。系统工程必须有一个非常明确的牵头单位。现在总体部已获得大家认可，每搞一个型号，总体部先提出方案，大家再进行思考。总体部是在实践中得出的结果，而不是拍脑袋想出来的。

三、时间节点对系统工程具有重要意义

系统工程需要协同动手，其中就存在时间节点的问题。因此，时间节点对系统工程有非常重要的意义，如果不能认识到时间节点的重要性，就会产生浪费和责任不明。每一项系统工程，都要有一个好的计划，要有非常明确的划分阶段，保证阶段的完整性，只有完成一个阶段，才能进行下一个阶段。阶段与阶段之间的分界线就是一个节点。要把一项系统工程分成几个阶段，就要做到：首先要分工明确，其次要流程清楚，然后要大阶段任务明确，最后大阶段里要有一些辅助措施，这样才能形成一整套协调融合的管理模式。

四、设计师系统源于工程实践

设计师队伍起初是按行政体制建设起来的，后来意识到设计师队伍应当有自己的体制，就建立了设计师系统，并且成立了调度指挥，使责任落实到了每一个人。随着型号任务的推进，设计师系统也渐渐成熟，但由于设计师系统不具有行政功能 ，所以到底由谁牵头就很难与行政指挥线分清楚。后来经过反复的研究，形成了现在的第一负责人是总指挥，但技术上的问题由设计师负责。

五、系统工程是一门协调的艺术

系统工程是多种学科结合在一起产生的倍增效果，是一门协调的艺术。任何

一个参与航天工作的人，都有自己的造诣。然而，任何一个参与系统工程的成员都离不开与别人协调，都要善于协调，善于取舍。是从个人利益考虑，还是从全局利益考虑，其结果完全不同。系统就是一门协调的艺术，一种绝对的全局观。现在航天队伍的建设卓有成效，就是大家长期在一起相互磨炼出来的。只有这样，才能做到必胜。

专家主要著作或成果

1. “两弹一星”功勋奖. 1999.

2. 国家科技进步奖特等奖. 2009.

3. 国家最高科学技术奖. 2009.

4. CCTV 中国经济年度人物奖终身成就奖. 2010.

5. 根据国际天文联合会第 77508 号《小行星通报》，小行星第 148081 号正式命名为孙家栋星.

中国系统工程学科的创建与发展

作者简介

王众托，中国工程院院士。1928 年出生于北京。1951 年从清华大学电机系毕业后，到大连工学院电机系工作，是中国系统工程学科创建人之一。现任大连理工大学知识科学与技术研究中心主任，国家自然科学基金会咨询委员会委员，国际知识与系统科学学会副主席，《国际知识与系统科学》杂志主编。辽宁省政府咨询委员会委员，大连市委市政府咨询委员会委员。曾任该校系统工程研究所所长，管理学院第一任院长（1986—1989）。国务院学位委员会工科评议组成员（第一、二、三届），电子工业部计算机与自动化控制教材编委会副主任，中国系统工程学会副理事长，中国软件行业协会工程协会理事长，中国自动化学会理事，中国管理学会理事。7 种核心刊物的编委。将系统工程方法与信息技术应用于工程管理，取得了许多实用成果，多次在国家获奖。70 年代后期从事系统工程专业与学位建设，是我国系统工程学科研究与学位制度创建人之一。在大连理工大学创办中国第一批系统工程专业研究机构和博士点。主要从事能源系统分析、炼油企业生产计划与调度系统分析、县区综合社会经济发展战略研究、元决策理论与应用、水资源的综合利用、网络计划技术的新方法与应用、智能型交互式集成化决策支持系统等领域的研究。有 11 项成果获奖（其中国家级 2 项）。除了应用研究外，还从事过多项理论研究，完成了 5 项国家自然科学基金项目（包括一项重点项目）。出版过 10 本教材和专著，9 种译著，发表过 140 篇论文和报告。1984 年第一批获国家级有突出贡献中青年科技专家称号。1998 年获全国模范教师称号。两次获辽宁省劳动模范、三次获大连市劳动模范称号。

专家观点

一、系统工程学科的创建

在“文革”结束之后、开始拨乱反正，国家教育部开始关注高等学校的科研工作，早在 1977 年就开始进行学科规划，王众托当时参加了教育部召开的规划会议的自动化分组。在自动化学科有两个研究方向得到了与会教师的关注，一个是系统工程，是往广度发展的；一个是人工智能，是往深度发展的。过去开展自动化研究，只关心技术，而对与技术有关的经济、社会等各方面的影响研究几乎没有涉及。一些与会教师认为，需要从系统工程角度建立全面的概念，把经济、社会、技术等方面的因素纳入研究的范畴。一些从事控制研究的人员，原本就对系统工程这门学科并不生疏，包括王众托在内的几位重点高校的教师在会上提出，教育部应该将系统工程作为一个新学科列入规划，这个建议很快得到教育部负责科技规划的领导的认可。一些院校开始考虑将自动控制的研究逐渐转向大系统方向，把系统工程与大系统相结合进行研究。

1977 年秋天，清华大学、天津大学、西安交通大学、华中科技大学、大连理工大学、华东理工大学等几所大学向国家教育部提议，希望把系统工程作为一门独立的学科建立起来，研究和发展系统工程。很多学校也纷纷表示想进行系统工程研究。国家教育部决心在规划中创建系统工程这门独立学科。1978 年国家教育部批准，清华大学、天津大学、西安交通大学、华中科技大学、华东理工大学、大连理工大学等 6 所部属院校分别成立系统工程研究所或研究室。大连理工大学成为中国最早成立系统工程研究机构的院校之一，王众托作为学科带头人，开始带领一批青年教师进行学科的开拓。

正在这个时候，钱学森、许国志、王寿云发表了题为《组织管理的技术——系统工程》的重要文章，指明了系统工程的学科属性以及在中国的发展道路，使得开始从事系统工程工作的教师和研究生信心倍增。为了科学合理地在中国构建系统工程这门学科，1979 年，国家教育部组织了一个由 6 所学校学术带头人组成的代表团到美国、日本进行考察，了解国外系统工程学科的动态。经过与多所院校的学术带头人的交谈和对课程与实验室的考察，并对一些高技术企业进行访问，得出的结论是：一是要基础理论研究与实际应用并重；二是认为系统工程是一门正在发展的开放性学科，应当更加吸取有关学科（特别是以计算机为中心的信息学科）的内容，做到学科交叉。

当时有一个共识是：考虑到系统工程涵盖的面太广，本科生阶段想把系统工程作为一个专业学习有难度，不如在掌握了一定的理论基础和工程专业基础之后，再进行系统工程的专业学习。于是，国家教育部决定：系统工程专业的学生从研究生阶段开始培养，起码国家教育部直属的学校不招收系统工程本科生，只招收系统工程研究生。

由于当时进行系统工程研究的人员大多是学自动控制出身的，大家仍旧脱不了与控制的联系。1981 年国家教育部开始建立学位制度，把系统工程学科设置为自动控制一级学科下的一个二级学科，开始招收研究生，并评选了中国第一批系统工程专业博士生导师，最早设立系统工程研究机构的学术带头人包括王众托在内成为第一批博导。以后，教育部所属的一批大专院校培养系统工程学科的专业也相继正式招生。这些都标志着中国系统工程的事业已经进入了一个新的开创阶段。从那时起，国家教育部设置的系统工程专业的学校开始相互支持，分工协作，联合开展系统工程学术交流活动，提出了许多新的科学思想和方法，培养了一批中青年系统工程学术骨干。就是在这样的背景下，高校和国防相关的系统工程研究机构一起，使系统工程作为一门学科在国内创建并发展起来。

二 、系统工程的初期发展

拨乱反正之后，国家亟需建立经济和社会秩序，需要有一套新的发展思路和发展规划。当时国家还处于计划经济时期，各级政府要统一规划、宏观调控。系统工程注重从整体上进行统筹规划、综合考虑，正好适应了时代要求和社会需要，于是系统工程开始得到了全社会的高度重视。

1980 年 11 月，中国系统工程学会成立。中国系统工程学会是中国系统工程科技工作者的学术团体，属于中国科学技术协会的组成部分，主要推动系统工程的普及与推广，培养系统工程科技人才。从1982年开始，每年中国系统工程学会都举办年会，不但政府重视、学术界重视，企业界也重视。1986年，钱学森开始在原航天部七一〇所主导创立系统学讨论班，受到了社会各界的普遍响应。教育部系统、国防系统及其他系统的人员都积极参与系统学讨论。可以说，那一时期的系统工程发展非常迅速，处于百花齐放的状态。系统工程的研究和应用也取得了很多实效，在国家重大决策中起到了重要作用。

高校的各个研究单位在教育部的领导下，几次进行学科规划，按照自己的特点和环境要求，既有分工又有合作，进行了大量系统工程项目的研究开发和应用。在合作方面，多所院校一同承担了三部委提出的我国人才需求和教育发展的战略研究和规划，我国能源问题的长远规划，我国南海天然气资源的开发与利用的研究等大型项目，以及原国家科委与国际应用系统分析研究所关于山西省的综合发展决策分析与决策支持系统研究的重大国际合作项目（王众托当时担任中方项目负责人），这个项目的经验后来曾经移植到了我国一些大型决策支持系统（包括国务院办公厅的几个宏观经济决策支持系统，多年来一直在为中央领导服务）。各院校还根据自己的环境条件与特长分别承担了地区和企业的系统工程项目，王众托承担过许多企业和工程项目的系统工程研究，在施工组织、生产计划、能源发展规划、水资源的合理开发与利用等方面，做过许多应用项目，在县区做过综合规划和决策支持系统开发，都取得显著经济与社会效益。

由于这一时期在钱学森、许国志以及高校和研究机构的先行者的倡导和亲身实践的努力下，系统工程的应用和研究取得迅速发展，取得了经济社会效益，得到社会的高度认可和获得良好的声誉，从那时起直到现在，在领导讲话、技术论证、新闻报道时，每谈到一个大型项目或者复杂任务，总会说“这是一项系统工程”，可见系统工程已经深入人心了。

三、系统工程后来发展面临的问题

系统工程在经历了一个快速发展时期后，一方面在理论和实践方面日趋成熟，另一方面到了本世纪初发展速度逐渐减缓。归纳起来主要有三个方面的原因：

一是系统工程的思想逐渐被各类专业人士理解和掌握后，原来是由系统工程研究人员给其他专业做系统工程项目的研究开发，但当他们一旦掌握了系统思想和方法与工具后，就不再找系统工程研究人员来做了，一些常规性的问题，他们自己运用系统思想就能够解决而且更为内行。而当面临一些复杂性问题时，系统工程研究人员又一时不能完全解决。这样一来，系统工程研究人员逐步失去了优势，也失去了发挥更大作用的平台。其实国外（包括运筹学在内）也面临了类似的处境。

二是到了 20 世纪 90 年代，中国开始步入市场经济时期，企业在考虑问题时，往往注重在短时期内取得经济效益，不再像计划经济时期那样宏观、长远地考虑问题了。系统工程的应用范围逐步分散而且缩小了。另一方面，由于项目管理作为一种现代化的组织管理技术，逐渐代替系统工程的方法在广泛应用。对一项大的任务，常常是系统工程的总体研究和规划在前，接着就转入项目管理进行具体实施。

三是部分系统工程研究人员是从控制或管理专业转向系统工程专业的。久而久之，这批人的研究逐步地又回归到了控制或者管理领域。比如在研究生的学位划分上，从 1986 年开始，系统工程分在自动化和管理两大类，部属重点学校的一部分管理学院是在原来的系统工程研究机构基础上建立起来的。学院的师生在管理的理论和实践方面比在系统工程方面有了更大的发展空间。同时也由于系统工程是一门方法性的学科，是一门专业，而不是像项目管理那样成为一种职业岗位，研究生面临就业岗位的直接对口问题（少数有特定专业归属的例外），因而逐渐使系统工程的热度冷却下来。

四、系统工程发展前景

（一）随着科学技术、社会经济问题的日益复杂化，当前出现的一些系统规模越来越大，系统中的要素不但数量庞大，而且种类繁多，相互之间的联系日益复杂。系统不再是孤立地在技术环境中运行，而且与自然和社会环境中有着千丝万缕的联系，个人与组织的行为因素对系统的影响越来越大。对于这样的复杂系统的研究开发，传统的系统工程理念、方法和工具显得无能为力，因而新的复杂系统的研究提到了日程之上。复杂系统的主要特征是具有许多自治的组成部分，也就是说，其基本构件是系统中的独立主体，具有自主决策和管理的能力。整个的结构和行为是不可能从它的组成部分的结构和行为推演和推断出来的。系统的行为具有非线性动态特性，有时还具有混沌特性，具有不可预测的行为。对这类系统目前还没有比较系统的研究方法。

其实钱学森很早就提出应该关注以人为子系统主体而构成的系统，这类系统的子系统还包括由人类制造出来、具有智能行为的各种机器。他曾经提出过开放的复杂巨系统概念，提出“从定性到定量综合集成方法”以及它的实践形式“从定性到定量综合集成研讨厅体系”（两者合称为综合集成方法），这可说是一种带有中国特色的复杂系统工程方法。但由于复杂系统涉及的因素特别多，不但有客观复杂性，而且还有主观复杂性，构建具有可操作性的复杂系统工程理论仍然是一个极具挑战性的课题。目前关于“系统的系统”的研究，在以“体系工程”为名的新学科分支方面，国内外都有一些进展，希望以此为起点，在复杂系统工程的研究上能够取得较为系统的成果。

（二）系统工程要处理好四个关系。分别是物与物的关系、人与物的关系、人与人的关系、人自身的思想、情感、意志各因素之间的关系。特别是涉及到人的欲望和约束方面的关系，人的理智与感情、意志之间的关系，各种思维方式之间的关系（处理什么问题使用哪一种思维方式）等等，科学技术的发展扩展了人类的能力，也激发了人类更高的欲望，但是社会发展要受到各种条件的约束，人们要对这些约束有一个清醒的认识，要有“自知之明”。不但是个人、而且各级组织乃至于全人类都有这种需要，这正是中国传统哲学的特点，而这些关系较之前三种关系，更为复杂。我曾经研究过决策的顶层设计问题，并且提出过“元决策”（即对决策进行的决策）的完整概念，提出元决策和具体决策做为两个层次、两个阶段、两种权利的区分，并且和“元认知”进行类比，提出在元决策中人的自知之明的重要性。这对决策的民主化和科学化来说是十分重要的。

（三）系统工程要在理论上有所突破、在应用领域和范围上有所拓展，不但需要注重信息的采集、组织、处理，而且要以信息为载体获取、处理并综合集成各类知识，甚至创造新的知识。因此对知识的管理也成为系统工程的重要内容。“知识系统工程”作为学科分支，先后通过自然科学基金的几个重点项目和重大国际合作项目，在理论和实际应用上取得多方面的成果。知识系统工程一方面可以与大数据结合，通过数据挖掘知识。这可能是未来系统工程发展的一条出路。另一方面，需要运用系统工程理论和方法将个人和组织的行为研究和一些硬技术相结合，这还可以与中国传统哲学的认识论相结合。

（四）“从系统直觉到系统自觉”的思路是在钱学森思维科学的指引下系统地研究了系统直觉的特征、类型、与各种思维方式的关系以及它的作用和限度等问题（刊登在2012年《系统工程理论与实践》第31卷纪念钱学森百年诞辰增刊上）。例如，现在领导讲话、新闻报道说到“这是一项系统工程”，大多数是处在直觉阶段。人们面临复杂环境，由于过去对系统工程的作用耳濡目染有了一些感觉，因而想到需要把它看作系统工程来加以处理。对于广大群众来说，也就处在直觉的水平，而对于专家和部分专家型领导来说，由于在多年处理问题时曾经运用系统思想获得成功，因而培养出更高层次上的系统直觉，能够发现潜在的系统存在，或者能够构成别人想不到的系统来解决问题。

专家主要著作或成果

1. 中国系统工程学会，上海交通大学，编. 创建知识系统工程学科. 钱学森系统科学思想研究. 上海交通大学出版社，2007.

2. 王众托. 知识经济，知识管理与信息化. 98大连—香港国际计算机会议论文集，大连理工大学出版社，1998.

3. 许国志，等，主编. 知识系统工程. 系统科学与工程研究. 上海科技教育出版社，2000.

4. 知识系统工程. 科学出版社，2003.

5. WangZ. T. Knowledge Systems Engineering: A New Discipline of Knowledge Management，Proceedings International Symposium on Knowledge and Systems Sciences:Challenge to Complexity，Ishikawa，Japan Advanced Institute of Science and Technology Press，2000.

6. WangZ. T. System Intuition: Oriental Systems Thinking Style，Journal of Systems Science and Systems Engineering 2003.

7. 王众托. 系统工程引论. 电子工业出版社.

8. 科研成果曾获国家科技进步三等奖.

9. 国家教委科技进步一、二等奖和石化总公司科技奖.

10. 中国计算机应用成果一等奖等.

11. 1984 年第一批获国家级有突出贡献中青年科技专家称号.

12. 1998 年获全国模范教师称号.

13. 两次获辽宁省劳动模范.

14. 三次获大连市劳动模范称号.

健康系统工程

作者简介

俞梦孙，中国工程院医药卫生学部院士，空军航空医学研究所航空医学工程研究中心主任，中国生物医学工程学会名誉理事长，北京大学工学院双聘院士，航空医学专家、中国航空医学工程创始人、生物医学工程的开拓者和学术带头人。破解了多项航空医学世界性难题，开创了中国飞行试验室，大大推动了中国航空医学的发展。

专家观点

一、以系统思维填补航空医学空白

20 世纪 70 年代，如何将战斗机飞行员安全地弹射出去，成为了摆在国内航空医学界的一道难题。如果弹射力度太小，飞行员脱离飞机的速度不够，会被后面瞬间划过的尾翼击中身亡；而弹射力度太大，则会使飞行员生理上承受不了如此大的力量而造成脊柱骨折甚至死亡。

由于弹射技术不过硬，当年我国的飞行员一旦遇到飞机失事，几乎没有生还的机会。

飞机座椅弹射出去的瞬间，人能够承受的生理极限到底如何确定？显然无法用活人来做实验。在考虑这个问题的时候，俞梦孙考虑到人的脊柱是一个既有输入又有输出的动态系统，为什么不设计人体模型计算出弹射的生理极限？于是在对人体脊椎系统的频率特性进行仔细测量和研究后，在国际上首创了冲击载荷下人体脊柱动态响应模型，运用在运动微分方程层面上与脊椎系统运动特征相似的电子模拟电路，对脊椎受火箭力冲击下的运动行为进行了模拟。这不但为必须进行有相当危险的生物试验找到了新的安全替代方法，而且还是一种更准确定量的研究方法。

而这一独特的研究思路却受到了当时生理研究专家的质疑——在当年的科技发展水平条件下，利用电子模型来模拟人体进行试验还是科学界难以想象的。那个时候计算机还很不发达，利用计算机运算是件“非常奢侈”的事情。为了证实自己的想法，我们“土法上马”，几组科研人员分别进行人工计算，得出的一致结果才会被采纳。但模拟出来的结果一定是真实的吗？俞梦孙决定用自己做试验。结果显示，实测的生理数据，与“冲击载荷下人体脊柱动态响应模型”计算的数据完全一致。

在这一模型的支撑下，我国飞机弹射座椅空中弹射试验成功。虽然取得成功，但是，这种模型计算在当时的传统生理学界是不被人们理解的。7 年之后，美国类似的研究才取得成功。

二、以系统思维开启健康系统工程

对于如何确信高龄的人自己能够适应高原的恶劣条件，根据系统思维我认为，人体本身具有强大的“自组织能力”，如果调解得当，便能够有效适应外界环境。多年来，通过兼收并蓄各个学科的养分，以系统思维、整体观念为突破口，这一课题有了新的突破。

进入 21 世纪，虽然我国居民寿命明显延长，但是心脑血管疾病、糖尿病、肿瘤等慢性疾病的蔓延对国民健康造成了巨大的挑战。调查研究表明我国有 3 亿慢性疾病患者，高昂的治疗费用，对亿万家庭和全社会造成了巨大的负担。然而，面对现代社会慢性病井喷的态势，以生物医学为特征的主流医疗技术为什么对慢性疾病和亚健康状态却无能为力呢？

面对这样的难题是钱学森的思想给了我启发。钱学森曾多次指出，生命系统，特别是具有高级心理活动的人的系统，是开放的复杂巨系统。对人体系统的研究，传统的还原论已经展现出明显的局限性，需要用“从定性到定量的综合集成法”进行研究。于是俞梦孙开始用系统科学的最新成果来重新审视人体的特性以及疾病的本质。

早在19世纪，生理学家Bernard就提出过生命存在的两个环境，一个是不断变化的外环境，另一个是相对稳定的内环境。这种内环境的相对恒定功能是机体生存的首要条件。

后来美国生理心理学家Cannon进一步提出了“稳态理论”，认为当机体受到内、外环境因素干扰时，机体可通过复杂的负反馈调节机制使各器官、系统协调活动来维持相对稳定的状态。这就是机体对环境变异适应的自组织性。

以理论对照现实，能否在对机体自组织性功能认识基础上，从系统论角度认识慢性病，并提出符合慢性病规律的解决方案？

20世纪40年代，生物学家Seyle在稳态理论基础上提出了“应激反应”的概念，他认为，当应激原（机体内、外环境变异）作用于具有内稳态特征的生命系统时，系统会引发出普遍性适应综合征。

总体上，包括癌症在内的所有慢性病都起源于长期超负荷应激反应所造成的稳态失调、失稳所致，因而慢性病是整体失调状态的局部体现。整体失调状态的形成是发生各类慢性病的“必要条件”，而机体在整体失调状态下究竟会发生哪一类慢性病，则与多种因素，特别是“遗传因素”有关。“遗传因素”在各类慢性病形成中起“充分条件”的作用。上述两项条件同时存在时才能满足发生各类慢性病的条件。其中，遗传因素是不可改变的，而“整体身心失调”状态是后天的，是可以改变的。这说明，抓住“整体身心失调”的状态的预防和调整是预防和祛除慢性病唯一可行的途径。

那么现实的情况是怎样的呢？目前以疾病的诊断和治疗为主要目标的生物医学模式是世界医学界的主流。而当今对人类健康和生命的威胁主要来自诸如心脑血管疾病、癌症以及各种慢性病。以癌症为例，10年来全球癌症发病率和死亡率增长了22%。

近半个世纪的实践表明，虽然生物医学已深入到分子、亚分子层次，人类基因组测序已完成，蛋白质组学、结构生物学、基因工程药物和基因治疗技术等正在迅速发展，投入空前巨大，但对慢性病的控制和治疗却收效甚微。

世界卫生组织在《21世纪的挑战》报告中强调，21世纪的医学，不应该继续以疾病为主要研究领域，应当以人的健康为医学的主要发展方向。

面对这一形势，要解决慢性病问题就应改变传统的生物医学模式，变“失稳状态”为“协调状态”，重塑自组织功能，充分运用恢复过来的自修复能力，建立健康医学模式，祛除各类慢性病。就此，建立健康系统工程就成为迫切的课题。这是建立在系统论思想基础上对待人类健康的态度和方法，是以人为中心，维持提高人体系统稳态水平为目标的系统工程。其内涵不仅仅限于工程技术，而是一个人文和科技相结合的开放的综合体。

为实现这一工程，今年 9 月在北京大学成立了健康系统工程研究所，试图将各学科理论融为一体，从健康医学模式和健康物联网切入，推动从生物医学模式向健康医学模式的变革。

系统化集成是系统工程的科学思路

作者简介

于景元，男，研究员、博士生导师，原中国航天科技集团公司七一〇所科技委主任，历任中国系统工程学会副理事长，中国社会经济系统分析研究会副理事长，中国软科学研究会副理事长，国家软科学研究指导委员会委员，国家人口和计划生育委员会人口专家委员会委员，国务院学位委员会“系统科学”学科评审组成员国家自然科学基金委员会管理科学部评审组成员，《科学决策》主编，《系统工程理论与实践》副主编，曾任国务院学位委员会委员（第四届）。

与宋健院士等一道开辟了我国人口定量研究的新方向，与钱学森院士在创建系统学方面进行了许多创造性工作，一直担任“系统工程高级研讨班”的主要主持者。其研究成果先后获得过国家自然科学二等奖一项，国家科技进步一等奖一项，国家科技进步二等奖两项，国家科技进步三等奖两项以及部级科技进步一、二等奖多项，还获美国东西方中心“杰出贡献奖”、国际数学建模学会最高奖“阿尔伯特·爱因斯坦奖”（1987 年）、第 3 届中华人口奖科学技术奖（1998 年）。

专家观点

钱学森是一位伟大的科学家和思想家。在70多年丰富多彩的科学生涯中，钱学森建树了许多科学丰碑，对现代科学技术发展和我国社会主义现代化建设作出了巨大贡献。

钱老对我国火箭、导弹和航天事业的开创性贡献，是众所周知的，人们称他为“中国航天之父”。若从钱学森的全部科学成就和贡献来看，这只是其中一部分。钱老的研究领域非常广泛，从工程、技术、科学直到哲学的不同层次上，在跨学科、跨领域和跨层次的研究中，特别是不同学科、不同领域、不同层次的相互交叉、结合与融合的综合集成研究方面，都作出了许多开创性贡献。从现代科学技术发展来看，这些方面的科学成就与贡献，其意义和影响可能更大，也更深远。钱学森的系统科学成就与贡献就是其中的重要方面。

钱学森是大家公认的我国系统科学与系统工程的开拓者和奠基人，钱老创建的系统科学体系和开创复杂巨系统的科学与技术，具有重大的科学价值和实践意义，也有极为重要的现实意义。

一、系统科学是研究客观事物普遍联系的科学

从现代科学技术发展趋势来看，以下几个方面标志着科学技术发展的一些新特点和新趋势，这些特点和趋势都与系统科学和系统工程密切相连。

1）现代科学技术发展呈现出既高度分化又高度综合的两种明显趋势。一方面已有的学科和领域越分越细，新学科新领域不断产生；另一方面不同学科不同领域相互交叉、结合与融合，向综合性整体化方向发展，这两者是相辅相成、相互促进的。从这个趋势来看，系统科学和系统工程就是这后一发展趋势上具有基础性的科学与技术。

2）复杂性科学的兴起引起国内外高度的重视。20世纪80年代中期，国外兴起了复杂性研究。复杂性研究和复杂性科学实际上是处在高度综合这个趋势上，与系统科学有着密切的关系。

复杂性科学的开创者之一Gell-mann在他所著的《夸克与美洲豹》一书中，曾

写道“研究已表明，物理学、生物学、行为科学，甚至艺术与人类学，都可以用一种新的途径把它们联系到一起，有些事实和想法初看起来彼此风马牛不相及，但新的方法却很容易使它们发生关联”。虽然这里 Gell-mann 并没有说明这个新途径和新方法是什么，但从他们后来关于复杂系统和复杂适应系统的研究中可以看出，这个新途径就是系统途径，这个新方法就是系统方法。

3）科学方法论的发展。从近代科学到现代科学的发展过程中，科学方法论经历了从还原论方法到整体论方法再到系统论方法。系统论方法是还原论方法与整体论方法的辩证统一，这是钱学森首先提出来的。

4）由以计算机、网络和通信为核心的现代信息技术革命，改变了人类思维方式，使人类思维方式从人脑思维发展到人——机结合以人为主的思维方式，人类更加聪明了，有能力去认识和处理更加复杂的事物。

5）创新方式的转变。由以个体为主向以群体为主的创新方式转变，这种方式具有更强的创造性。创新体系特别是国家创新体系，已成为创新发展的强大动力。

下面将会看到，钱学森系统科学思想、系统科学体系特别是复杂巨系统科学体系，集中地反映出上述这些特点。

现代科学技术发展已经取得了巨大成就。今天人类正探索着从渺观、微观、宏观、宇观直到胀观五个层次时空范围的客观世界（见下图）。

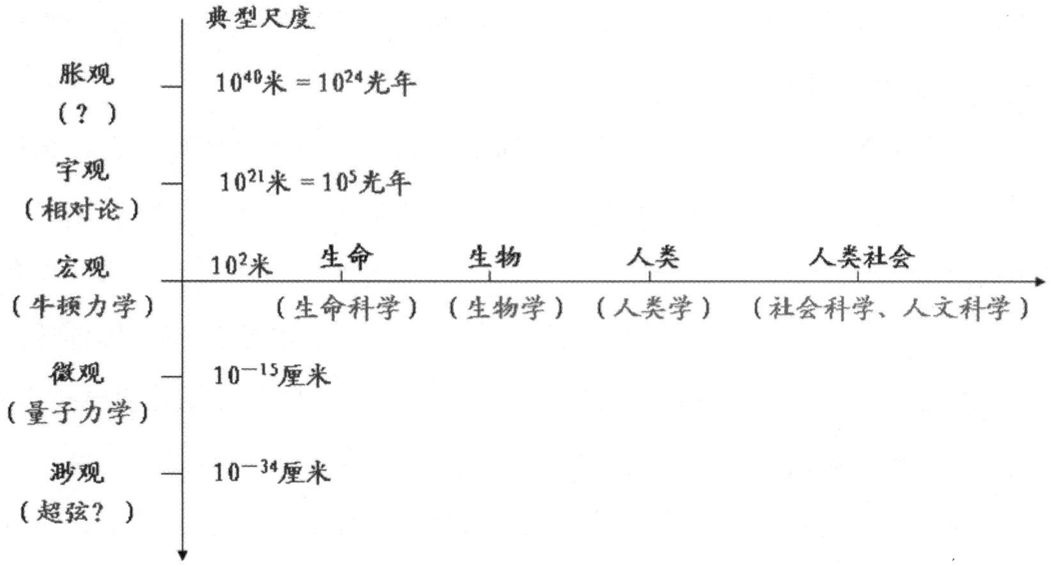

其中宏观层次就是我们所在的地球，地球上又出现了生命和生物，产生了人类和人类社会。

客观世界包括自然、社会和人自身。科学技术就是人类认识和改造客观世界过程中所形成的知识。从不同角度来研究客观世界也就产生了不同的科学技术部门，如自然科学、社会科学、数学科学等等，现已形成了现代科学技术体系和人类知识体系。在这个体系中，自然科学是从物质、物质结构和物质运动角度来研究客观世界的。社会科学（包含人文科学）是从意识、人类社会和社会发展角度来研究客观世界的。数学科学是从数量和质量的角度来研究客观世界的等等。

从辩证唯物主义观点来看，客观世界的事物是普遍联系的，正如马克思所说“世界是普遍联系的整体，任何事物内部各要素之间及事物之间都存在着相互影响、相互作用和相互制约的关系”。这已为大量的客观事实所证明。既然客观事物是普遍联系的整体，那就一定有其客观规律，我们也就应该研究认识和运用这些规律。

能反映客观事物普遍联系这个特征最基本和最重要的概念就是系统。所谓系统是指由一些相互联系、相互作用、相互影响的组成部分构成并具有某些功能的整体。这样定义的系统在客观世界是普遍存在的。马克思这里所说的客观世界是普遍联系的整体就是辩证唯物主义的系统思想。

正是从系统思想出发并结合现代科学技术的发展，钱学森提出，系统科学是从事物的整体与部分、局部与全局以及层次关系的角度来研究客观世界的，也就是从系统角度来研究客观世界。系统科学已成为现代科学技术体系中一个新兴的科学技术部门。

系统是系统科学研究和应用的基本对象。系统科学和自然科学、社会科学等不同，但有深刻的内在联系。系统科学能把自然科学、社会科学等领域研究的问题联系起来作为系统进行综合性、整体性研究。这就是为什么系统科学具有交叉性、综合性和整体性的原因。也正是这些特点，使系统科学处在现代科学技术发展的综合性整体化方向上，并已成为现代科学技术体系中一个新的科学技术部门。

系统结构、系统环境和系统功能是系统三个最重要的基本概念。系统一个最重要的特点，就是系统在整体上具有其组成部分所没有的性质，这就是系统的整体性。系统整体性的外在表现就是系统功能。系统的这个性质表明，对系统组成部分都认识了，并不等于认识了系统整体，系统整体性不是它组成部分性质的简单“拼盘”，而是系统整体涌现的结果。

系统研究表明，系统结构和系统环境以及它们之间的关联关系，决定了系统的整体性和功能，这是一条非常重要的系统规律和系统原理。

从理论上来看，研究系统结构与环境如何决定系统整体性和功能，揭示系统存在、演化、协同、控制与发展的一般规律，就成为系统学，特别是复杂巨系统学的基本任务。国外关于复杂性的研究，正如钱老指出的，是开放的复杂巨系统动力学问题，实际上也属于系统理论方面的探索。

另一方面，从应用角度来看，根据上述系统原理，为了使系统具有我们期望的功能，特别是最好的功能，我们可以通过改变和调整系统结构或系统环境以及它们之间关联关系来实现。但系统环境并不是我们想改变就能改变的，在不能改变的情况下，只能主动去适应。而系统结构却是我们能够改变、调整、设计和组织的。

这样，我们便可以通过改变、调整系统组成部分或组成部分之间、层次结构之间以及与系统环境之间的关联关系，使它们相互协调与协同，从而在整体上涌现出我们满意的和最好的功能，这就是系统控制、系统干预（Intervention）、系统组织管理的基本内涵，也是控制工程、系统工程等所要实现的主要目标。

系统科学和自然科学等类似，也有三个层次的知识结构。即工程技术（或应用技术）、技术科学和基础科学。

科学是认识世界的学问，技术是改造世界的学问，而工程是改造世界的实践。钱老建立的系统科学体系完整的体现了这些特点，它包括：

1）处在工程技术或应用技术层次上的是系统工程，这是用来改造客观世界的工程技术，但和其他工程技术不同，它是组织管理系统的技术，并直接用于改造世界的实践中；

2）处在技术科学层次上直接为系统工程提供理论方法的有运筹学、控制论、信息论等；

3）处在基础科学层次上属于基础理论的便是系统学和复杂巨系统学，这两个学科也都是钱老提出来的。

这个体系集中地反映了钱学森系统科学思想。国外还没有这样一个完整和清晰的系统研究和应用体系框架。

这样三个层次结构的系统科学体系经过系统论通向辩证唯物主义。系统论属于哲学层次，是连接系统科学与辩证唯物主义哲学的桥梁。一方面，辩证唯物主义通过系统论去指导系统科学的研究，另一方面，系统科学的发展经系统论的提炼又丰富和发展了辩证唯物主义。

关于系统论，钱老曾明确指出，我们所提倡的系统论，既不是整体论，也非还原论，而是整体论与还原论的辩证统一。钱老关于系统论的这个思想后来发展成为他的综合集成思想。根据这个思想，钱老又提出了将还原论方法与整体论方法辩证统一起来的系统论方法。

综合起来看，客观事物普遍联系及其整体性思想就是系统思想，系统科学体系的建立就使系统思想从一种哲学思维发展成为系统的科学体系，系统科学体系是系统科学思想在工程、技术、科学直到哲学不同层次上的体现。这就使系统思想建立在科学基础上，也就把哲学和科学统一起来了。系统科学思想是钱老对辩证唯物主义系统思想的重要发展和丰富。

二、社会实践是系统的实践也是系统的工程

钱学森系统科学思想和系统科学体系，不仅有重要的科学价值，还有重要的实践意义。

从实践论观点来看，任何社会实践，特别是复杂的社会实践，都有明确的目的性和组织性，并有高度的综合性、系统性和动态性。社会实践通常包括三个重要组成部分：

一是实践对象，就是干什么，它体现了实践的目的性；

二是实践主体，谁来干和怎么干，它体现了实践的组织性；

三是决策主体，它最终要决定干不干和如何干的问题。

从系统科学观点来看，任何一项社会实践，都是一个具体的实际系统，正如钱老所说“任何一种社会活动都会形成一个系统”。实践对象是个系统，实践主体

也是系统且人在其中，把两者结合起来还是个系统。因此，社会实践是系统的实践，也是系统的工程。这样一来，有关实践或工程的组织管理与决策问题，也就成为系统的组织管理和决策问题。在这种情况下，系统科学思想、理论方法与技术应用到社会实践或工程的组织管理与决策之中，不仅是自然的，也是必然的。这就是为什么系统工程和系统科学具有广泛的应用性以及系统科学思想指导性的原因。

人们在遇到涉及的因素多而又复杂且难于处理的社会实践或工程问题时，往往脱口而出的一句话就是：这是系统工程问题。这句话是对的，其实它包含两层含义：一层含义是从实践或工程角度来看，如上所述，这是系统的实践或系统的工程；另一层含义是从技术角度来看，既然是系统的实践或工程，它的组织管理就应该用系统工程技术去处理，因为系统工程就是直接用来组织管理系统的技术。

可惜的是，人们往往只注意到了前者，相对于没有系统观点的实践来说，这也是个进步，但却忽视和忘记了要用系统工程技术去解决问题。结果就造成了什么都是系统工程，但又没有用系统工程去解决问题的局面。

要把系统工程技术应用到实践中，必须有个运用它的实体部门。我国航天事业的发展就是成功地应用了系统工程技术。

航天系统中每种型号都是一个工程系统，对每种型号都有一个总体设计部，总体设计部由熟悉这个工程系统的各方面专业人员组成，并由知识面比较宽广的专家（称为总设计师）负责领导。根据系统总体目标要求，总体设计部设计的是系统总体方案，是实现整个系统的技术途径。

总体设计部把系统作为它所从属的更大系统的组成部分进行研制，对它所有技术要求都首先从实现这个更大系统的技术协调来考虑（系统环境）；总体设计部又把系统作为若干分系统有机结合的整体来设计，对每个分系统的技术要求都首先从实现整个系统技术协调的角度来考虑（系统结构），总体设计部对研制中分系统之间的矛盾，分系统与系统之间的矛盾，都首先从总体目标的要求来考虑和解决（系统功能）。

运用系统方法并综合集成有关学科的理论与技术，对型号工程系统结构、环境与功能进行总体分析、总体论证、总体设计和总体协调，包括使用计算机和数学为工具的系统建模、仿真、分析、优化、试验与评估，以求得满意的和最好的系统方案，并把这样的总体方案提供给决策部门作为决策的科学依据。

一旦为决策者所采纳，再由相关部门付诸实施。航天型号总体设计部在实践中已被证明是非常有效的，在我国航天事业发展中，发挥了重要作用。

这个总体设计部所处理的对象还是个工程系统。但在实践中，研制这些工程系统所要投入的人、财、物、信息等也构成一个系统，即研制系统。对这个系统的要求是以较低的成本、在较短的时间内研制出可靠的、高质量的型号系统。对这个研制系统不仅有如何合理和优化配置资源问题，还涉及到体制机制、政策措施、规划设计、发展战略以及决策与管理等问题。这两个系统是紧密相关的，把两者结合起来又构成了一个新的系统。

显然，这个新系统要比工程系统复杂得多，属于社会系统范畴。如果说工程系统主要综合集成自然科学技术的话，那么这个新的系统除了自然科学技术外，还需要社会科学与人文科学等。

如何组织管理好这个系统，也需要系统工程，但工程系统工程是处理不了这类系统的组织管理问题，而需要的是社会系统工程。

应用社会系统工程也需要有个实体部门，这个部门就是钱学森提出的运用综合集成方法的总体设计部，这个总体设计部与航天型号的总体设计部比较起来已有很大的不同，有了实质性的发展，但从整体上研究与解决问题的系统科学思想还是一致的。

总体设计部是运用综合集成方法，应用系统工程技术的实体部门，是实现综合集成工程的关键所在。没有这样的实体部门，应用系统工程技术也只能是一句空话。

目前国内还没有这样的研究实体，有的部门有点像，但研究方法还是传统的方法。总体设计部也不同于目前存在的各种专家委员会，它不仅是个常设的研究实体，而且以综合集成方法为其基本研究方法，并用其研究成果为决策机构服务，发挥决策支持作用。

从现代决策体制来看，在决策机构下面不仅有决策执行体系，还有决策支持体系。前者以权力为基础，力求决策和决策执行的高效率和低成本；后者则以科学为基础，力求决策科学化、民主化和程序化。这两个体系无论在结构、功能和作用上，还是体制、机制和运作上都是不同的，但又是相互联系相互协调的，两者优势互补，共同为决策机构服务。决策机构则把权力和科学结合起来，变成改造客观世界的力量和行动。

从我国实际情况来看，多数部门是把两者合二而一了。一个部门既要做决策执行又要作决策支持，结果两者都可能做不好，而且还助长了部门利益。如果有了总体设计部和总体设计部体系，建立起一套决策支持体系，那将是我们在决策与管理上的体制机制创新和组织管理创新，其意义和影响将是重大而深远的。

一个单位、一个部门甚至一个国家的管理，首要的问题是从整体上去研究和解决问题，这就是钱老一直大力倡导的“要从整体上考虑并解决问题”。只有这样才能统揽全局，把所管理的系统整体优势发挥出来，收到 1+1>2 的效果，这就是基于系统论的系统管理方式。

但在现实中，从微观、中观直到宏观的不同层次上，都存在着部门分割条块分立，各自为政自行其是，只追求局部最优而置整体于不顾。这里有体制机制问题，也有部门利益问题，还有还原论思维方式的深刻影响。这种基于还原论的分散管理方式，使得系统的整体优势无法发挥出来，其最好的效果也就是 1+1=2，弄不好还会 1+1<2，而后一种情况可能是多数。

三、 系统科学 治国之方

系统科学理论包括技术科学层次的运筹学、控制论、信息论等以及基础科学层次上的系统学和复杂巨系统学。

运筹学、控制论和信息论均已有了各自理论方法并处于发展之中。但系统学和复杂巨系统学却是需要建立的新兴学科。

从系统分类角度来看，对于简单系统和简单巨系统也都已有了相应的理论和方法，并处于发展之中。但对复杂系统、复杂巨系统（包括社会系统）却不是已有方法所能处理的，需要有新的方法论和方法。

在这方面，一个重大进展就是钱学森提出的系统论方法。应用系统论方法时，也要从系统整体出发，将系统进行分解，在分解后研究的基础上，再综合集成到系统整体，实现系统的整体涌现，最终是从整体上研究和解决问题。

由此可见，系统论方法吸收了还原论方法和整体论方法各自的长处，同时也弥补了各自的局限性，既超越了还原论方法又发展了整体论方法，这是科学方法论上的重大发展，也是钱老在科学方法论上具有里程碑意义的贡献。它不仅大大促进了系统科学的发展，同时也必将对自然科学、社会科学等其他科学技术领域产生深刻的影响。

20 世纪 80 年代末到 90 年代初，结合现代信息技术的发展，钱学森又先后提出“从定性到定量综合集成方法”（meta-synthesis）及其实践形式“从定性到定量综合集成研讨厅体系”（将两者合称为综合集成方法），并将运用这套方法的集体称为总体设计部。

这就将系统论方法具体化了，形成了一套可以操作且行之有效的方法体系和实践方式。从方法和技术层次上看，它是人－机结合、人－网结合以人为主的信息、知识和智慧的综合集成技术。从应用和运用层次上看，是以总体设计部为实体进行的综合集成工程。

信息、知识和智慧是三个不同层次的问题。有了信息未必有知识，有了信息和知识也未必就有智慧。信息的综合集成可以获得知识，信息和知识的综合集成可以获得智慧。人类有史以来是通过人脑获得知识和智慧的。现在由于以计算机为主的现代信息技术的发展，我们可以通过人、机结合以人为主的方法来获得信息、知识和智慧，而且比人脑还有优势，这是人类发展史上具有重大意义的进步。

综合集成方法就是这种人、机结合获得信息、知识和智慧的方法，它是人、机结合的信息处理系统、也是人、机结合的知识创新系统、还是人、机结合的智慧集成系统。按照我国传统文化有集大成的说法，即把一个非常复杂的事物的各个方面综合集成起来，达到对整体的认识，集大成，得智慧，所以钱老又把这套方法称为大成智慧工程。

综合集成方法的实质是把专家体系、信息与知识体系以及计算机体系有机结合起来，构成一个高度智能化的人－机结合与融合体系，这个体系具有综合优势、整体优势和智能优势。它能把人的思维、思维的成果、人的经验、知识、智慧以及各种情报、资料和信息统统集成起来，从多方面的定性认识上升到定量认识。

从方法论和方法特点来看，综合集成方法本质上是用来处理跨学科、跨领域和跨层次问题研究的方法论和方法，它必将对系统科学体系不同层次产生重要影响，从而推动了系统科学的整体发展。

20 世纪 90 年代中期，钱老提出开创复杂巨系统的科学与技术。由于有了综合集成方法，可以在科学层次上建立复杂巨系统理论，这就是综合集成的系统理论，它属于复杂巨系统学的内容。虽然这个理论目前尚未完全形成，但有了研究这类系统的方法论与方法，就可以逐步建立起这个理论来，这是一个科学新领域。

另一方面，运用综合集成方法在应用层次上可以发展复杂巨系统技术，也就是综合集成的系统技术，特别是复杂巨系统（包括社会系统）的组织管理技术，大大地推动了系统工程的发展。

系统工程是组织管理系统规划、研究、设计、实现、试验和使用的技术和方法，以使系统在整体上具有我们期望的和最好的功能。它的应用首先是从工程系统开始的，如航天系统工程。

但当我们用工程系统工程来处理复杂巨系统和社会系统时，处理工程系统的方法已经不够用了，它难以用来处理复杂巨系统和社会系统的组织管理问题，在这种情况下，系统工程也要发展。由于有了综合集成方法，系统工程便可以用来组织管理复杂巨系统和社会系统了。这样，系统工程也就从工程系统工程发展到了复杂巨系统工程和社会系统工程阶段。

由于实际系统不同，将系统工程用到哪类系统上，还要用到与这个系统有关的科学理论、方法与技术。例如，用到社会系统上，就需要社会科学与人文科学方面的知识。

从这些特点来看，系统工程特别是复杂巨系统工程和社会系统工程技术不同于其他技术，它是一类综合性的整体技术、一种综合集成的系统管理技术、一门整体优化的定量技术。它体现了从整体上研究和解决系统管理问题的技术方法。

钱老开创复杂巨系统的科学与技术，实际上是由综合集成思想、综合集成方法、综合集成理论、综合集成技术和综合集成工程所构成的综合集成体系，也就是复杂巨系统科学体系，这就把系统科学体系大大向前发展了，发展到了复杂巨系统科学体系。

从以上所述可以看出，系统科学理论的发展和系统工程的广泛应用具有强大的生命力，有着极其广阔的发展前景。

我国正在进行国家创新体系建设，以实现创新型国家的宏伟目标。从现代科学技术体系角度来看，国家创新体系不仅包括自然科学技术创新，也包括社会科学技术等其他科学技术部门的科学技术创新。既有科学层次上的理论创新，也有应用层次上的技术创新，还有实践层次上的工程创新。

特别是跨学科、跨领域和跨层次的综合集成创新，更能提高我们认识世界的水平和改造世界的能力。进行这类创新的创新主体就是运用综合集成方法的总体设计部。总体设计部对现代科学技术体系不同科学技术部门、不同层次知识的综合集成，便可以进行综合集成的科学创新、技术创新和工程创新。

我国正在实施的国家973计划、863计划、科技支撑计划以及重大科技专项等，需要的就是综合集成创新。但从实际情况来看，还原论的思维方式、研究方式和管理方式对这些计划的实施也产生了不同程度的影响。由此也可以看出钱老系统科学理论方法的重要现实意义。

无论哪类创新，归根到底都是人创造性劳动的结果，所以人才是关键。系统科学的发展和系统工程的应用既需要专业型人才，更需要复合型人才，这类人才不仅具有专业能力，还要有跨学科、跨领域和跨层次的研究能力和创新能力。

1978 年，钱学森、许国志、王寿云发表了《组织管理的技术—系统工程》一文，并大力推动系统工程在各个领域的应用，特别是致力于把社会系统工程应用到国家宏观层次上的组织管理，以促进决策科学化、民主化和组织管理现代化。

1991 年 10 月，在国务院、中央军委授予钱学森“国家杰出贡献科学家”荣誉称号仪式上，钱老在讲话中说“我认为今天的科学技术不仅仅是自然科学工程技术，而是人类认识客观世界、改造客观世界的整个知识体系，这个体系的最高概括是马克思主义哲学。我们完全可以建立起一个科学体系，而且运用这个体系去解决我们中国社会主义建设中的问题。”钱老这里所说的科学体系，就是现代科学技术体系和人类知识体系。

现代科学技术体系和人类知识体系，为国家管理和社会主义建设提供了宝贵的知识资源和智慧源泉，我们要充分运用和挖掘这些知识和智慧，以达到集大成，得智慧。而系统科学中的综合集成方法和大成智慧工程又为我们提供了有效的科学方法和有力的技术手段，以实现综合集成，大成智慧。这就是钱学森把系统科学特别是复杂巨系统科学和社会系统工程运用到国家宏观层次组织管理的科学技术基础。

为了把社会系统工程应用到国家层次上的组织管理，钱老曾多次提出建立国家总体设计部的建议。1991 年 3 月 8 日，钱老向当时的中央政治局常委集体，汇报了关于建立国家总体设计部的建议，受到中央领导的高度重视和充分肯定。

2008 年 1 月 19 日，胡锦涛同志看望钱老时说：20 世纪 80 年代初，我在中央党校学习时就读过您讲系统工程的报告，给我留下非常深的印象，我到现在还记得，您这个理论强调，在处理复杂问题时，一定要注意从整体上加以把握，统筹考虑各方面因素，理顺它们之间的关系，这很有创见。现在我们强调科学发展，就是注意统筹兼顾，注意全面协调发展。

钱学森系统科学思想、系统科学体系特别是复杂巨系统科学体系为国家管理和社会主义现代化建设提供了一套科学思想、理论方法和实践方式。朱镕基同志曾说，“管理科学，兴国之道”。那么从以上所述也可以说，“系统科学，治国之方”。

法国科学家安培在 1845 年发表了《论科学的哲学》一篇长文，给关于国务管理的科学取了一个名字——控制论，试图建立一门政治科学，但并没有实现。

钱老说：“20 世纪 50 年代，我还没有回到祖国的时候，发现了这篇东西，我和我在学校工作的同事笑话他。他说，政府管理的学问，恐怕不能建立像自然科学那样严密的科学。我那时想，像你们美国政府，那些政客们、官僚们，都是不说真话的，讲的是一套，干的又是一套。你们那些政客都是骗人的，骗人的东西，怎能建立科学呢？科学是老老实实的学问，骗人的科学是没有的。所以，当时我笑他。安培的设想是很高尚的，可惜是空的。但安培的理想在社会主义国家，尤其是在我们社会主义的中国是可以实现的。这是因为我们是讲科学的，是不搞鬼的。”

钱老关于国家管理的系统科学思想、理论方法与技术以及实践方式，要比安培的理想深刻得多也丰富得多，对我国社会主义现代化建设具有重要的现实意义。

钱学森的系统科学成就与贡献，不仅充分反映出他的科学创新精神，同时也深刻体现出他的科学思想和科学方法。从科学视野来看，钱学森是一位名副其实的科学大师、科学帅才、科学泰斗和科学领袖，也是一位极富远见的战略科学家。

一代宗师，百年难遇。钱学森是中华民族的骄傲，也是中国人民的光荣。

专家主要著作或成果

1. 于景元，主编．当代中国人口与发展研究．中国社会出版社， 1992.
2. 于景元，主编．技术经济分析．宇航出版社，1993.
3. 于景元，宋健，著．人口控制论．科学出版社，1985.

钱学森的大成智慧与教育之道

作者简介

钱学敏，女，中国人民大学马克思主义学院教授，西安交通大学兼职教授，曾获评国家哲学社会科学基金项目优秀成果一等奖、北京市哲学社会科学优秀成果特等奖、中共中央宣传部精神文明建设“五个一工程”奖、吴玉章优秀成果奖、《中国科学报》1995 年度读者最喜爱的文章、《中国文化报》年度理论类作品一等奖等。1991 年以来撰写并发表有关钱学森科学思想研究的文章数十篇。

专家观点

一、“大成智慧工程”是当今解决各种复杂系统、开放复杂巨系统问题的最好方法

随着社会的发展，人类认识范围日益宽广、深入，一方面学科门类越分越细，另一方面，学科间也相互渗透耦合呈整体化趋势，交叉学科纷纷涌现，许多复杂性问题的解决需要跨越学科知识，因为“跨度越大，创新程度也越大。而这里的障碍是人们习惯中的部门分割、分隔、打不通。而大成智慧学却教我们总揽全局，洞察关系，所以促使我们突破障碍，从而做到大跨度的触类旁通，完成创新。”钱

老曾说："大成智慧的核心就是要打通各行各业各学科的界限，大家都敞开思路互相交流、互相促进，整个知识体系各科学技术部门之间都是相互渗透、相互促进的，人的创造性成果往往出现在这些交叉点上，所有知识都在于此。所以，我们不能闭塞""必集大成，才能得智慧"。

为了更好更快地"集大成，得智慧"，运用"大成智慧学"既从整体上又深入到系统结构内部去观察和解决国内外各种复杂性问题，钱老提炼出"从定性到定量综合集成法"，即"大成智慧工程"。它要求"把人的思维、思维的成果、人的知识、智慧以及各种情报、资料、信息统统集成起来"，通过"大成智慧工程"的集体——总体设计部，集思广益，群策群力，将解决方案通过各种信息技术模拟建模，反复从定性到定量分析综合，使智慧不断集成出新，形成切实有利于人民、有利于生产、有利于国家现代化建设的路线、方针、政策、措施，供领导机构决策参考。"大成智慧工程"是当今国家进行长远规划、解决各种复杂系统、开放复杂巨系统问题的最好方法。

钱老关于大成智慧工程、总体设计部的思想也一直受到军队领导的特别重视。2008 年 3 月，解放军军事科学院成立 50 周年纪念会上，军委主席胡锦涛赞扬军队作战指挥演习采用研讨厅体系、作战模拟、"综合集成法"，取得了好成绩。

二、育人关键在于以人为主

在当今中国，谈到教育、人才培养问题，自然就会想到"钱学森之问"，这是我们这个国家和民族必须直面的重大问题。钱老认为搞好教育这是件大事，其意义甚至不亚于当年研制、发射"两弹一星"。

他倡导的"大成智慧学"通俗地说，就是教育、引导人们如何陶冶高尚的品德和情操、尽快获得聪明才智与创新能力的学问。其目的在于使人们面对新世纪各种变幻莫测、错综复杂的事物时，能够迅速做出科学而明智的判断与决策，并能不断有所发现、有所创新。"大成智慧学"强调以马克思主义的辩证唯物论为指导，利用现代信息技术和网络、人一机结合以人为主的方式，迅速有效地集古今中外有关信息、经验、知识、智慧之大成，总体设计，群策群力，科学而创造性地去解决各种复杂性问题。"大成智慧"是在当今这个知识爆炸、信息如潮的时代里，所需要的新型的思维方式和思维体系。

“大成智慧”的实质与核心就在于微观与宏观相结合，整体（形象）思维与细部组装向整体（逻辑）思维合用；既不只谈哲学，也不只谈科学；而是把哲学和科学技术统一结合起来。哲学要指导科学，哲学也来自科学技术的提炼。这似乎是我们观点的要害：“必集大成，才能得智慧！”大成智慧教育方式的一个显著特点，就是充分利用计算机、信息网络，人—机结合优势互补的长处，使人能够不断及时获得和集成广泛而新鲜的知识、信息与智慧，从而迅速提高人的智能，培养创新的能力。但是，人—机结合这种教学方式、思维方式，也不是对什么样的人都灵。关键还在于以人为主，培养学生的品德与素质，发挥人的主观能动性。

三、中国教育改革要借鉴国内外一些成功的教学内容和教学方法

钱学森对中国的教育改革曾经考虑得十分具体。他认为，现在中国的教育事业已有很大进步，但是基础教育从全国来看，特别是西部贫困地区，应该说仍严重滞后。需要高度重视，好好总结新中国成立以来，我们教育工作的经验教训，也要认真吸取旧中国一些成功的办学经验，以及国外值得借鉴的教学内容和教学方法。

钱学森曾反复设计21世纪中国的教育事业，结合自己和同学，在北京师大附小、师大附中、交通大学、清华大学、美国麻省理工学院、加州理工学院等院校受教育和成长过程的亲身体验，吸取了思维科学以及一些科学工作者对教育心理学、脑科学研究和实验的成果和感悟，发表了许多关于教育改革的意见和文章，希望能够缩短学制，充分挖掘和发挥少年儿童的潜力，着重培养青年一代具有高尚的品德和情操、高度的智慧和创新的能力。

在给我的一封信中，钱学森描述、表达了他对未来教育方案的大致设想和希望办好大成智慧教育，培养一代新人的殷切之情。他写道：“我在这几天又在想中国21世纪的教育，我1989年的那篇东西不够了；是要人人大学毕业成硕士，18岁的硕士，但什么样的硕士？现在我想是大成智慧学的硕士。具体讲：1）熟悉科学技术的体系，熟悉马克思主义哲学；2）理、工、文、艺结合，有智慧；3）熟

悉信息网络，善于用电子计算机处理知识。”

“这样的人是全才。我们从西方文艺复兴时期的全才伟人，走到 19 世纪中叶的理、工、文、艺分家的专家教育；再走到 20 世纪 40 年代的理工结合加文、艺的教育体制；再走到今天的理工文（理、工、加社科）结合的萌芽。到 21 世纪我们又回到像西方文艺复兴时期的全才了，但有一个不同：21 世纪的全才并不否定专家，只是他，这位全才，大约只需一个星期的学习和锻炼就可以从一个专业转入另一个不同的专业。这是全与专的辩证统一。”

为解决师资难的问题，钱学森提出要动员全社会（包括下岗、退休的）有经验、有学识的人，都来当教师或兼职教师，也要竭力营造宽松、民主而优越的社会环境，吸引外国的高科技人才和我们的出国留学生，共同把最先进的科技成果、最新鲜的实践经验，不失时机地传授给我们的下一代。与此同时，还要建立起以高等教育为主体的、能够使人终身受教育的教育体系，以适应信息社会逐渐以脑力劳动为主的高科技、高效管理、职能变换等快速发展的要求。

他还专门强调，教育工作不可能“立竿见影”，速见成效。21 世纪的科学技术发展很快，新的科技革命、社会革命相继到来，整个社会结构都会发生变革，我们在制订教育方针时，一定要向前看，像邓小平要求的那样——“教育要面向现代化、面向世界、面向未来。”关注全球性、国际化的教育标准，用世界范围科学技术发展的最新成果和我们优秀的传统文化来充实教育的内容。尽快革新教育观念、更新教学方法、改革教育制度、增加教育经费。

总之，对中国的教育事业钱老思虑颇多，倾注了大量心血，既充满了忧思重重，凝聚了无限希望，其思考既有宏观也有微观。

四、钱学森认为马克思主义哲学是全部科学技术的科学

钱学森一直强调科学家和年轻人要掌握科学的哲学。有问他说：“您认为对于一个科学家来说，什么是最重要的？”钱学森回答说：“一个科学家，他首先必须有一个科学的人生观、宇宙观，必须掌握一个研究科学的科学方法！这样，他才能在任何时候都不致迷失道路；这样，他在科学研究上的一切辛勤劳动，才不会白费，才能真正对人类、对自己的祖国作出有益的贡献。”他认为，马克思主义哲

学就是全部科学技术的科学，马克思主义哲学的对象就是全部科学技术。

早在 1978 年钱老就提出：“哲学作为科学技术的最高概括，它是扎根于科学技术中的，是以人的社会实践为基础的；哲学不能反对、也不能否定科学技术的发展，只能因科学技术的发展而发展。”根据数学和自然科学发展的成就，在人们观察和研究宇宙时惯用的“宇观”、“宏观”、“微观”之外，他又提出“胀观”与“渺观”。为从各个层次上研究和认识客观物质世界打开了通道。这个统一而多层次的宇宙观，为唯物主义的世界观作了更为深入的科学论证。

他倡导的系统科学，从普遍存在于客观世界的各种复杂系统的结构、层次、功能、性质等侧面去研究整个客观世界；开放复杂巨系统的观念和理论，强调整体论与还原论相结合，从整体上观察和解决问题，以及运用从定性到定量综合集成法、建立总体设计部等，都是进行高层次系统管理和科学民主决策的现代理念和最佳方法，这是对唯物辩证法的丰富与发展。

他倡导的思维科学，是研究人脑通过思维活动，怎样处理从客观世界获得的信息的科学。侧重于研究如何利用计算机、信息网络等设备与技术，通过人—机结合以得到正确的认识和改造世界的知识，自觉地把逻辑思维与形象思维结合起来，进行创造性思维的科学。因而，使得辩证唯物主义认识论具有了新时代的特征。

五、钱老一生最大的乐趣就是学习和研究

钱老一生最大的乐趣就是学习、研究。钱老曾回忆道：“我父亲钱均夫很懂得现代教育，他一方面让我学理工，走技术强国的路；另一方面又送我去学音乐、绘画这些艺术课。我从小不仅对科学感兴趣，也对艺术有兴趣，读过许多艺术理论方面的书，像普列汉诺夫的《艺术论》，我在上海交通大学念书时就读过了。这些艺术上的修养不仅加深了我对艺术作品中那些诗情画意和人生哲理的深刻理解，也学会了艺术上大跨度的宏观形象思维。我认为，这些东西对启迪一个人在科学上的创新是很重要的。科学上的创新光靠严密的逻辑思维不行，创新的思想往往开始于形象思维，从大跨度的联想中得到启迪，然后再用严密的逻辑加以验证。”他总是兴致勃勃地观察世界，探求真理。青年时代博览群书，求知若渴：在

上海的交通大学读书时，他就读遍了学校图书馆里关于航空工程和空气动力学理论、流体力学等著作。在加州理工学院学习时，钱老很快就获得了航空和数学博士学位。除学航空和数学课程外，还选修了不少理科课程，其他各系的学术报告、研讨会他都去听、去学，努力扩大自己的学科知识领域，以利于大跨度地综合集成所需要的知识，并能有所创新。

专家主要著作或成果

1. 钱学敏. 科学与文化相得益彰. 民主与科学，2012.

2. 钱学敏. 钱学森谈科学艺术与大成智慧学. 北京联合大学学报，2005.

3. 钱学敏. 略论复杂系统与大成智慧. 系统辩证学学报，2005.

4. 钱学敏. 钱学森关于复杂系统与大成智慧的理论. 西安交通大学学报(社会科学版)，2004.

5. 钱学敏. 论钱学森的大成智慧学. 中国工程科学，2002.

6. 钱学敏. 试论钱学森的“大成智慧学”——谨以此文祝贺钱老九十寿辰. 华中建筑，2001.

7. 钱学敏. 钱学森多种辩证的思维方式. 党政干部学刊，1997.

8. 钱学敏. 试论钱学森的科学观与方法论. 科技文萃，1996.

钱学森系统理论思想形成的背景及应用

作者简介

钱永刚，1948年出生，中共党员。1969年参加工作后，历任助理工程师、工程师、高级工程师。1982年毕业于国防科学技术大学计算机系，获学士学位。1988年从美国加州理工学院计算机科学系毕业，获理学硕士学位。长期从事计算机应用软件系统的研制工作，自2004年起，相继被上海交通大学、西安交通大学、清华大学、南京航空航天大学等高校的兼职教授、客座教授。当选为内蒙古沙产业、草产业协会顾问，甘肃省沙产业协会顾问、中国国土经济协会专业委员会副主任委员、中国行为法学会副会长。2012年被聘任为上海交通大学钱学森图书馆馆长。他是我国著名科学家、“中国航天之父”和“火箭之王”钱学森长子。

专家观点

一、钱学森人生的三个重要阶段

（一）第一阶段：留学美国阶段

钱学森从1935年到美国留学，直到1955年在中国政府的帮助下回到祖国。钱学森回国前向老师告别时，他的博士导师世界著名空气动力学权威冯·卡门送给他一句话："你在学术上超过了我。"

（二）第二阶段：奉献航天阶段

从 1956 年钱学森回到祖国，到 1982 年他从国防科工委副主任的岗位退休，历时 27 年的时间，钱学森完全投入到祖国的国防建设之中。在钱学森诞辰 100 周年之际，社会各界举办了纪念钱老诞辰活动。在北京空间科技信息研究所举办的"钱学森与中国航天"座谈会上，会标上书"幸好航天有了你"成为钱学森奉献航天这个阶段的概括。

（三）第三阶段：金色晚年

从 1983 年钱学森从国防科工委领导岗位退休到 2009 年去世的 27 年时间，成为他金色晚年阶段。这个阶段用钱学森对孙子所说的一句话概括——"21 世纪的爷爷将更伟大"。

钱学森退休之后，有时间重新回到办公桌前，从事他擅长的学术、理论研究工作。他大约用了 15 年的时间，在社会科学、系统科学、思维科学、人体科学、军事科学、行为科学、地理科学、建筑科学、文学与艺术以及马克思主义哲理等领域开展一系列的探索，提出了许多新观点、新思想、新理论。而这些观点、思想、理论正是前人想说却没有说的，他将其应用到实践之中，成功地做了别人想做却没有做成的事情，我们称其为创新。但这些创新并不是能被所有人都懂、接受，难免有不同意的声音。可钱学森认为，他的思想一时不被接受很正常，相信随着时间的推移，接受他思想的人会越来越多，最终一定会被接受。而且，一旦观点被接受，用到国家四化建设之中，将会起到比航天更大的作用。这就是钱学森说 21 世纪的爷爷将更伟大的缘由，他对自己晚年的成就充满信心。

二、中国航天的辉煌成就离不开钱学森的巨大贡献

提起钱学森，绝大部分人马上会想到他从事导弹和火箭研究工作。钱学森刚回国时，我们国家正处在困难时期，钱学森带头研制我国自己的火箭和导弹，而且取得了巨大成功，对国家和民族做出了最大的贡献，中华民族和世界华人都引以为豪。今年是我国自己的航天员杨利伟登上太空十周年，记得当时国内有报道称杨利伟登上太空，实现了中华民族几十年来的飞天梦想。对此很多外媒不以为

然。针对这个问题，要从中国的国情来看伟大的成就。

（一）中国航天是在“没人、没钱、没技术”、一穷二白的基础上发展起来的

1956 年国防部成立时，经考证航天系统内只有三个人见过火箭，钱学森是唯一一位见过导弹和火箭的人。在这种起步基础较差的情况下，研制自己的导弹和火箭，是一件非常不容易的事情。

（二）工业基础非常薄弱

1955 年，钱学森在哈尔滨参观时，提出要去哈尔滨军事工程学院见两个老熟人。在当时的特殊背景下，钱学森没有资格去哈尔滨军事工程学院。此事得到了彭德怀的高度重视，除了满足钱先生探望老熟人的要求之外，还让时任哈尔滨军事工程学院院长的陈赓立即去哈尔滨。同时，让陈赓问钱学森个问题，中国人能不能造自己的导弹。彭德怀当时还叮嘱陈赓“如果钱先生说能，我们就造；如果钱先生说不能，那我们就等等吧”。可见当时国家基础的薄弱程度，同时，也反映出当时国家对钱学森的重视程度及钱学森对国家发展的重要程度。

（三）中国航天起步越过航空的发展

世界各国历来发展航天都是基于航空发展的基础之上。而钱学森根据当时中国的实际情况，提出直接发展航天的想法，这在当时是个突破和挑战。当时中央领导层之间出现了“机弹之争”，对先制飞机还是先制导弹难以作出决定。当时，导弹在人们心中还是个模糊概念，各阶层领导和解放军战士对飞机在作战中的作用非常重视，所以强调重点发展航空以巩固国防。尽管钱学森是沿着美国航空航天轨迹发展过来的，但他却主张中国应优先发展航天。他从我国国情分析，认为短时间内航空发展不能取得突破，因为航空上的突破取决于材料。在我国工业基础薄弱的情况下，材料问题不能短期得以解决。从我国目前发展的实际情况可以看出钱学森当时的决策正确性及超前性。

系统工程发源于航天几十年来科学管理的实践之中，钱学森提出了系统工程论，从今天看是工程系统工程。把工程系统工程逐步发展成为社会系统工程，使得系统工程能够在航天及社会的其他领域都能够得到发展。从上述三个层面来回顾航天发展到今天取得的成就，离不开钱学森的巨大贡献。

三、钱学森的成功绝非偶尔

钱学森之所以能够成功，究其原因有以下几点。

（一）一流教育奠定成才之基

钱学森接受了良好的教育，包括学校教育和家庭教育。钱学森的成长和求学过程得到了那个年代最好的条件，北京最好的小学和中学、国内一流的大学、世界最好的研究生阶段学习，博士期间又有幸成为冯·卡门的学生。钱学森的父亲早年留学日本，学习了当时一些先进的教育理念和思维，但他与中国教育理念相结合，培养自己的孩子，对钱学森的成长和教育帮助很大。钱学森父亲不仅让他学习理工，还利用假期刻意安排他学习文科和艺术门类，这能够使他在学校训练逻辑思维。家庭教育使他形象思维得到训练，钱学森还会各种乐器、画画和摄影，爱好极其广泛，这些都是他形象思维形成的主要原因。

（二）哲学指导的重要性

钱学森非常注重对哲学的研究，与其一生所接受的一流教育密不可分。一流的教育在传授其学识的同时还教会了其如何分析问题和解决问题，以及如何做人，怎么做人，如何与大家一起去做。在美国读书期间，钱学森在从事一个课题的研究时，冯·卡门教授要求他不仅要找出课题里面带有规律性的东西，而且要求他多思考，在这些带有特殊性规律后面，有没有更带一般性的规律。这些要求虽不做硬性指标，但一定要尽力尝试。现在看来，如果我们仔细阅读会发现，钱学森在美国发表的论文，1946 年以前的论文只是一般地探讨其原因和规律；而 1946 年以后，论文不只是一般性找出问题的原因，还有问题背后探讨了相关的更深层次的规律。所以钱学森很关注哲学，哲学是表述最一般性规律的学科，他有机会接触到马克思主义哲学，回国后在看拜读毛泽东同志的著作后，他发现在美国从事科研工作所积攒的如何看待客观世界的想法，毛泽东同志都概括进去了，所以他对马克思主义哲学的研究非常关注，因为他认为哲学对研究人员非常重要。

（三）艺术修养开拓创新思维

开始的时候是钱学森的父亲安排他去接受艺术修养与熏陶，后来他自己则喜欢上艺术，就变成主动去学了。钱学森学习之余经常去听交响乐，当时的美国麻省理工大学（MIT）与波士顿交响乐团只有一墙之隔，所以在美国期间，他经常去波士顿交响乐团的排练场免费听交响乐团排练，这些艺术的积累对他之后的学术活动有很大帮助。直到钱学森晚年还非常喜欢音乐，通过音乐不断培养自己艺术逻辑思维。

（四）学无止境，造就学术高峰

钱学森一辈子都遵循活到老学习到老、探索到老和研究到老。退休后将几十年的航天实践上升到系统工程理论，这是不断学习的结果，并且钱学森还发表了大量学术著作。

（五）党的信任，无私奉献

钱学森的优良素质使他赢得了党的信任。中国航天是个大事业，是支几十万人的大队伍，如果没有政府的支持和党的信任，根本无法实现。中国再无第二个人能像钱学森那样赢得党和国家的信任，这是非常难得的。同时，钱学森在学术上所取得的成就，与他对科学技术独到的理解密不可分。

四、系统科学的产生

（一）对科学技术的独到理解。

钱学森对科学技术的看法是非传统的，他认为今天的科学技术是包括马克思主义哲学在内人类认识客观世界和改造客观世界的整个知识体系（系统），科学技术的研究对象，从根本上讲只有一个，就是整个客观世界。而现在众多的学科部门只是人们观察问题的出发点和研究问题的着眼点而已，这与我们对科学技术的认识不同。而他自己认为这是从系统科学的角度来认识客观世界，认识科学界。

（二）钱学森研究系统科学的过程

（1）系统科学研究的第一个阶段

系统科学是钱学森涉足的一个领域，从系统科学的角度认识客观世界，是他一生最重视、最花心血的领域。系统科学是研究通过调整与系统相关联的各种关系，实现系统的整体最佳效果。早在 20 世纪 50 年代，钱学森愿意用控制论的思想，结合他研究导弹火箭的实践经验，创立工程控制论这门学科。1954 年他的专著《工程控制论》出版，该专著成为自动化领域的经典著作。

（2）提出了系统工程理论

当年钱学森回到祖国，根据国家的需要，放弃了自己擅长的学术理论研究工作，投身到中国的航天事业之中。70 年代末期，钱学森对我国几十年航天成长的成功经验进行总结，并对国外定量化系统方法的应用进行了梳理，赋予了系统工程一词含义。系统工程一词在西方早已有应用，非钱学森所创。但他敏锐地感受到，在国外用定量化系统方法的应用，没有确切的含义。钱学森的功绩在于通过对国外定量系统方法的梳理，最终给予系统工程一词以严密的内涵，在此基础上提出了系统工程理论。这标志着钱在系统科学领域的研究和发展的第二个发展阶段。

当然在钱学森的大力宣传和推广下，系统工程正在成为社会各界在现代化建设中取得最佳效益的最有效方法。钱学森在推广系统工程做出了不懈的努力，同时他也敏锐地发现航天的实践总结出的系统工程理论，更确切地说属于工程系统工程。而社会各界所面对的客观对象远远比航天复杂得多，所以钱学森晚年认为系统工程理论还具有局限性，还需对系统科学的基础理论探索，并加以完善。这就是钱老花了 7 年半的时间在七一〇所参与“系统学讨论班”的原因。同时，这也是中国航天系统科学与工程研究院值得自豪的地方，钱学森晚年的系统学理论源于在七一〇所举办的“系统学讨论班”。只有在系统学建立之后，系统科学才算完成。为此，钱老又投入到系统科学体系结构的探索之中，他提出的开放复杂巨系统概念为系统学的建立奠定了基础，而开放复杂巨系统概念成为钱老晚年最具亮点的两个学术创新之一。

在参加系统思维科学的研究之中，他发现从 15 世纪末方法论中有还原论，在观察问题、解决问题所具有的局限性越来越大，所以他后来经过梳理，并提出这个问题。钱学森通过系统学讨论班，结合科研实践，提出客观世界从系统角度分为三大系统，即简单系统、简单巨系统和复杂系统。每个相映的系统必须遵循相映的方法论，才能对问题研究分析，才能取得真正的结果。其中，简单系统对应还原论，简单巨系统对应自组织理论的科学方法，但对于复杂系统，用还原论或自组织理论的科学方法都不行。钱学森通过参加系统学讨论班，与于景元一起讨论从定性到定量的综合集成方法。例证就是当时七一〇所的项目及所取得的辉煌成绩。钱学森对系统科学与思维科学的研究大大丰富了人们对客观世界的认识，所以从定性到定量的综合集成方法是钱老晚年另一个最具亮点的学术创新之一。

钱学森晚年两个亮点都是在七一〇所与大家一起讨论形成，15 年来他提出了一系列的新观点、新理论都源于最具特点的这两个亮点。

钱学森之所以能够成功，介绍了系统科学几十年的研究脉络过程。总结就是当钱老离开我们的时候，关注钱学森的人们也许会有这样的问题，他为什么能够取得这么大的成就，他的思维是否有别于常人。钱学森对科学技术的独到理解，使他的思维不仅有深度、广度、还要有高度。高度指的是对科学发展的远见卓识，指的是创新和智慧。我们如果把深度、广度、高度看作一个三维结构，钱学森就是一位三维科学家，就是我们常说的科学大师或科学帅才。如果从更广阔的视野探索钱学森，他作为一名中国知识分子，所具有的精神境界也是他取得成就的原因。钱学森始终关心的是民族的振兴，始终追求的是科学的真理，始终献身的是祖国现代化事业、科学事业。如果我们把他的政治信仰和信念，思想情操和品德，以及科学成就和贡献，看作另外一个三维结构，钱学森就是一位人民科学家，他是中国的骄傲，他的名字属于中国人民，属于中华民族！

风云气象卫星的地面应用系统

作者简介

许健民，1944 年出生，卫星气象专家，中国工程院院士。1965 年毕业于南京气象学院。1986 年后任国家卫星气象中心主任、总工程师。1970—1986 年在国家气象中心工作期间，提出并组织实施了“实时气象数据库”，为中央气象台创建了热带天气分析业务。1987 年大兴安岭森林火灾期间，因提供有效监测服务，后受到国务院表彰。1991 年江淮洪涝灾害监测服务中，为国务院和民政部提供准确的水情信息，受到国家防汛抗旱总指挥部的表彰。提出风云 2 号气象卫星图像定位的数学模型，使图像定位精度达到像元级，使卫星更有效地发挥作用，受到国际气象卫星协调组织会议的高度评价。在卫星云导风产品研究中，提出快速算法和云高指定的新算法，受到国际云导风会议的高度评价，算法被其他国家采用。

专家观点

我国从 20 世纪 90 年代开始实施自己的气象卫星计划，成功地发展了极轨和静止两个系列的气象卫星。从 1998 年第一颗风云 1 号气象卫星发射成功到现在，我国已成功地发射了 4 颗风云 1 号极轨气象卫星和 3 颗风云 2 号静止气象卫星，两个系列的气象卫星都已经业务化，成为我国现代化气象业务系统中不可或缺的重要组成部分，也被世界气象组织正式列为世界天气监视网全球观测系统的一个组成部分。从气象卫星获取的大气和地表信息，已被广泛应用于天气预报、气候预测、环境和自然灾害监测、农业等多个国民经济领域，为国家经济发展、社会进步做出了贡献。

风云气象卫星工程由卫星、运载火箭、发射、测控和地面应用等 5 大系统组成。地面应用系统作为风云气象卫星工程大系统中的一个重要组成部分，对卫星应用效益的发挥起着重要的作用。按职责分工，风云气象卫星的地面应用系统的任务是：研究草拟我国气象卫星的发展规划；建设我国气象卫星的地面应用系统；承担我国在轨气象卫星有效荷载的运行管理和气象卫星地面应用系统的业务运行；负责我国和外国气象卫星资料的接收、处理和产品生成，履行气象卫星数据与产品的分发、应用和服务；对气象台站进行卫星遥感应用的技术指导；从事与卫星气象相关学科的科学研究。这些工作由中国气象局下属的专设事业单位国家卫星气象中心执行。

一、风云气象卫星的规划

一颗卫星从概念提出，经过方案设计、初样研制、正样研制、发射飞行、地面系统建设、数据处理算法研制和程序设计、在轨运行等工作，直到在业务中发挥作用，至少需要七八年的时间。所以卫星的规划是十分重要的工作，不允许在规划层面上出现失误或者走弯路。中国气象局在规划我国的气象卫星时，把气象卫星在中国气象局业务和研究工作中的应用放在首位，即首先明确：中国气象局的业务和研究工作需要卫星做什么事，从气象卫星获得和传递的资料在气象业务中如何使用。

为了进行气象卫星观测功能的规划，要在观测目标物的性质和气象卫星遥感系统的能力两方面进行透彻地分析。在观测目标物方面，要分析观测目标物的光谱特征和观测目标物与背景对比的能量差别及其时间、空间可变性。在遥感系统方面，要分析从空间进行对地观测时，在所选择的光谱波段，卫星系统能以多大的动态分辨率辨认出被观测目标物与背景之间的差异；观测时间空间分辨率，是否能做到高于观测目标物本身的时间、空间可变性。光谱分辨率、观测时相、空间分辨率、动态分辨率是相互矛盾的。气象卫星观测系统在这四方面性能指标的提高，不仅涉及观测仪器的水平，而且也与系统的数据传输和处理能力有关。高水平的观测需求使包括空间段和地面段在内的气象卫星系统负重不堪，因此在进行系统设计时，只能在需求与可能之间进行折中，而折中的依据就是对观测目标物性质和卫星遥感系统能力两方面的透彻理解。

二、风云气象卫星地面应用系统建设

地面应用系统是气象卫星系统工程中十分重要的组成部分，它负责卫星发射后对卫星有效荷载的运行管理，以及从卫星下传数据的接收、处理、分发、应用、服务。尤其对于静止气象卫星，它的观测功能是通过卫星和地面应用系统协同工作完成的，地面应用系统是星地系统中不可分割的组成部分。

气象卫星地面应用系统大致由以下 4 个部分组成：卫星数据和指令收发站、卫星运行控制中心、卫星数据处理中心以及分布在各地的数据利用站。气象卫星地面应用系统需要由 5 个方面的专业人员协同完成：信道专业人员对卫星上下行信道负责，卫星控制和运行的专业人员对卫星运行控制和卫星发射后的业务运行负责，产品专业人员对卫星的应用效果负责，计算机和网络及存档服务专业人员负责软件工程化的工作，数据利用站的专业人员要设计并研发性能好、可靠性高、廉价的地面站，并对数据利用站的使用和维护进行指导。国家卫星气象中心是风云系列气象卫星地面应用系统的责任单位。

三、风云气象卫星的数据处理

气象卫星的数据处理是要从卫星遥感观测数据中，提取遥感目标物所在地点的关于地表、云和大气状态的定量参数产品。风云气象卫星的数据处理由国家卫星气象中心的人员自己承担。要求研发人员对辐射在大气中的传递过程和气象卫星的工作方式两方面都有清晰的理解。国家卫星气象中心进行了与数据处理有关的基础和机理研究，立足于依靠自己的力量解决数据处理中的科学和技术问题。

四、风云气象卫星的业务运行和服务

中国气象局对风云卫星提出了必须成为业务卫星的要求。所谓业务卫星有两个基本的含义。一是风云卫星所提供服务的内容和指标，都必须达到设计要求；二是风云卫星在设计寿命期间，必须提供连续不间断的服务。

五、风云气象卫星的应用

从气象卫星获取的大气和地表信息，已被广泛应用于天气预报、气候预测、环境和自然灾害监测、农业等多个国民经济领域，为国家经济发展和社会进步作出了贡献。

气象卫星应用在天气气候领域，可以为台风、暴雨、冰雹、暴雪、沙尘暴、龙卷风等灾害性天气的监测提供了更有力的手段，为短期气候预测提供了更多有用的参数。气象卫星资料在环境和自然灾害监测中的应用也十分广泛，如森林草原火情的监测、洪涝监测、沙尘暴监测、积雪覆盖监测、海冰监测等。气象卫星在农业方面的应用，如植被监测、干旱监测等。

六、风云气象卫星地面应用系统的经验

国家的支持是风云气象卫星发展最重要的因素。发展我国自己的气象卫星是周恩来总理亲自提出的，邓小平等党和国家领导人也都十分关心并支持气象卫星的发展。

国家卫星气象中心多年来围绕自己的中心工作，引进、培养并在实践中磨炼出一支专业门类比较齐全、敬业并有较好科学技术素质的、善于合作共事的队伍。在这支技术队伍中，总指挥和总师承担着技术领导的作用，他们要知事、知人。知事是指他们的注意力和工作重点要到位，确实放在关键支撑点上。知人是指他们要把称职的人放在关键岗位上，这要求他们对所率队伍的德才状况有深入了解，并且公正无私地处理问题。

卫星系统业务运行的关键在于千方百计地提高运行成功率。一旦卫星系统运行中出现了问题和故障，国家卫星气象中心都必须尽快在第一时间里诊断出故障

点位置和故障发生原因，并从管理到技术，落实改进措施，稳步地提高了运行成功率。

专家主要著作或成果

1. 许健民．中国气象卫星和卫星气象研究的回顾和发展．气象学报，2004，5.

2. 许健民．基于高阶统计特征的FY—2气象卫星全视场杂散光估计．光学技术，2004，6.

3. 许健民．风云气象卫星的地面应用系统．中国工程科学，2006，11.

4. 许健民．气象卫星—系统、资料及其在环境中的应用．1994.

5. 许健民．风云二号气象卫星的数据处理．2005会议论文.

6. 许健民．国际背景下的发展足迹．2011，1.

7. 许健民．三轴稳定平台下提高线列探索器光学遥感仪图像空间分辨率的方法研究．红外与毫米波学报，2005，24.

8. 许健民．中国气象卫星发展现状及趋势．科技导报，2010，28.

9. 许健民．用红外和水汽两个通道的卫星测值指定云迹风的高度．1997，4.

治水哲学

作者简介

李佩成，男，1934 年出生，陕西省乾县人，中国工程院院士，西北农林科技大学兼职教授，长安大学教授、博士生导师、国际干旱半干旱地区水资源与环境研究培训中心（中德合作）主任。1956 年毕业于西北农学院水利系并留校任教；1963—1966 年在苏联莫斯科地质勘探学院水文地质工程地质系攻读副博士学位毕业。曾先后在原陕西工业大学、西安交通大学工作和任教，并曾在北京外语学院、中国农业科学院和苏联加里宁工学院学习进修开展合作研究。

专家观点

在水问题震撼全球，各种见解众说纷纭，各种对策争相现身之际，对水资源的合理开发和可持续利用，对水害的防治及水的科学管理等，从哲学层面对其加以观察和分析研究，无疑是十分有益的。

一、水的同一性和循环转化规律是治水应当铭记的基本规律

辩证法的最基本规律，便是对立统一规律，也就是说，世界上的万事万物都是由矛盾构成的，矛盾双方互相依存，互相联接，互相包含，互相贯通，而又根

据一定的条件在互相转化。这种对立面的转化，基于对立面的同一性，水作为世界上最重要的物质，也是服从辩证法的基本规律。

因此，认识事物，把握事物，引导事物发展，趋利避害的人类活动，都必须自觉地运用辩证法，运用对立统一规律，人类的水事活动也是这样，不要随意提口号、定政策，我行我素，否则便会遭到事与愿违的报复。试举几例如下。

1）忽视地面水与地下水的转化，一味的引用地面水灌溉，就会引起地下水位上升，招致大面积土壤盐渍化。省内外、国内外不乏其例。

2）盲目过量的开采地下水，又会引起地下水位大幅下降，从而在雨水不足缺乏补充来源的地方，就会使湖涸河干、树死草亡，甚至使自然景观发生重大变化，严重者可以招致良田变沙漠，在滨海地区还会招引海水入侵，在另一些地区又会诱发地陷地裂等地质灾害。

3）在一些河段过量的堵截引水，造成其下游的干枯少水，并能使地下水补给断源，水位大幅度下降，破坏区域性正常的水循环过程，引起不良后果，甚至生态灾难。

4）至于在同一条河上，同一个水源地内，各修各的坝，各打各的井，上下左右不顾，你争我夺致使堤成库干，上涝下旱的例子更为不少。

为什么会出现上述现象呢？从根本上分析是人们忽视了地面水、地下水和天上水的同一性，忽视了水的转化规律，而自以为是的盲目行动。

自然界水的同一性表现为无论什么水，其主体是氢氧化合物；其差异性又表现为固、液、气不同的存在形式和不同的存在空间；它们的转化表现为各种水体在太阳能和重力的作用下处在不断的运动转化之中。各类水的静止是相对的，而运动是绝对的，这种运动的绝对性不仅表现在水在海洋和陆地之间的大循环，也同样表现在海洋和陆地各自内部发生的小循环。而且这种转化服从物质不灭定律——也就是水量守恒定律。水科学家应当对水的转化规律和水量守恒定律铭记在心，时刻牢记。

如果忽视或不理解上述基本规律，那就有可能形而上学的看待水，就会得出天水不犯地水、井水不犯河水、节水不管养水等一系列认识上的和行动上的差错。

二、持辩证法，运用“三水统观统管”的思想治水

如前所述，由于天上水（大气降水）、地面水（江、河、湖、海、冰川、雪水）和地下水（包括土壤水）始终处在运动转化之中。从辩证法的高度认识水的这种规律，自觉全面认识三水之间密不可分的关系，人们便应遵循“三水统观统管”方略对水进行综合的调控和治理，自觉地利用对立统一和转化规律，主动的创造转化条件对其转化过程或激发加强或诱使疏缓，使其转化过程朝着对人类有利的方向发展。

依据对水的认识和从实践中获得的启示，我在1963年提出了地面水地下水两水并用，1975年上升为“三水统观统管”方略，30年过去了，无数事例显示该方略符合辩证法是正确的治水方略。这一方略用于灌区，实行“井渠结合，以井补渠，以渠养井”，不仅扩大了灌溉水源，而且防治了灌区的次生盐碱化；用于防治西安的严重水荒，推行“群峪斜井，两水并用”成功的缓解了西安水荒。在水问题日显突出的形势下，人们似应自觉运用“三水统观统管”方略治水，坚持用唯物辩证法分析和处理水事。

三、开源节流是辩证的统一，要做到节水与养水相结合

一个时期以来，在我国十分强调节水，这无疑是十分必要的，因为面对日益严重的浪费水的行为，节水便应成为主要矛盾。但是，根据水的循环转化规律分析“死水怕杓舀”，单纯的强调节水而忽视养水，就会损害水文生态健康。对灌溉节水的某些做法尤其值得深思，特别是在地下水作为灌溉补充水源，而地下水又受补于灌溉水入渗的条件下更是这样，而这里的地下水却主要是由灌溉水的渗漏所形成的。

众所周知，在该灌区建成之前这里曾经是干渴的黄土塬，大部分地区地下水埋深在百米以下，而且水量贫乏，人畜吃水十分困难。此后因灌溉渗漏引起地下水位上升，甚至招致渍涝盐碱灾害，后经井渠结合治理，坏事变成了好事，入渗的地下水便成为重要的抗旱水源。灌区水生态的这种变化，正说明事物都是一分为二的，作为水科学家一定要全面地看问题，不能只看到地面水的渗漏，而忽视了它对地下水的补给；不能不加分析的批评“大水漫灌”，亦不知在地下水人工

补给方式中有一种最有效的方法便是地面引渗回灌——也就是大水浸灌。关键在于因地制宜的科学用水，综合调节，节水养水。

当然，漫灌、淹灌、喷灌、滴灌、畦灌、沟灌采用何者为好，也要具体分析，不要一刀切，更不能以大田喷灌代替其他灌水技术，也不能将喷灌等同于节水而加以提倡。

其实，任何灌溉技术都有其优缺点和局限性，喷灌等机械灌水技术也是这样，费钱多、耗能大、较难管理，都是不争的事实，而且要求清澈的水源。因此，在大部分河源来水含沙量大的灌区，常常依靠井水， 如果这里的井水主要是靠灌溉水“渗漏”补给涵养，那么废沟畦而过量的采用喷灌， 对地下水只抽不补， 则地下水将会因失去涵养而趋衰竭， 久之则山穷水尽， 喷灌也就无水可喷， 无水可节！这种事与愿违的结局绝非臆断， 已有类似事例发生。

面对这些事实，辩证的分析问题，在当前和今后一个时期，应花大力气建立节水与养水相协调的具有中国特色的生态灌区，这种灌区应具有如下的基本特色和功能：

1）灌区能够充分运用耕作、栽培、施肥、植保等现代农业技术措施以及抗旱育种方面的最新成果， 通过综合的农业措施， 尽量地减少蒸腾和蒸发， 以保证最大量的农业节水和最高农业收益，而不是过分依赖灌水技术的节水。

2）灌区实现三水统管， 井渠结合， 划分出“宜井渠区”、“宜渠灌区”、“宜渠灌期”和“宜井灌期”， 实现水资源在时间和空间上的综合调节， 做到以渠养井， 以井补渠。在干旱少雨、河源引水不足的情况下， 加大地下水的开采量，并运用节水灌溉技术包括在大田上实施节水沟畦灌， 以及在果园、菜地、设施农业中采用喷、滴、微灌等， 节约用水， 扩大受益面积。而在河源水丰季节， 加大引水量， 利用沟畦等田间自流灌水系统进行超定额灌溉， 甚至利用坑塘和一切可以利用的田面地面开展人工补给，涵养地下水源，做到以丰补歉，从而形成节水与养水相结合， 防碱与抗旱相结合， 既节水而又节能省钱， 生态环境处于良性循环， 综合效益最高， 具有中国特色的可持续发展的生态灌区。

四、当今，在一些地区水质问题已上升为治水的主要矛盾，应当深入研究

无论是农业、工业或城乡供水，甚至航运业、水产业都需要一定的水量作保证、所以千百年来人类社会十分重视水量的获得，而对水质关心较少，这还因为相当长时间内，水的自净作用保证了大部分溪涧江河飞流清泉的良好水质。但在近 50 年来，在中国特别是近 30 年来，随着工农业的飞速发展，化肥农药的大量使用，以及人口激增，废弃物大量增加和污水的无控排放，使地面水和地下水受到严重污染，甚至连降水也不能幸免。

研究表明，肥料进入水源带入约 20%的氮、2.5%的磷和 30%的钾，因此，化学化的农业就成了向其他水事对象传污的主要源头。近年来在某些工艺过程中出现的表面活性物质，急剧恶化了水的生物化学净水能力，天然净水遭受着来自四面八方的污染或污染威胁。以陕西为例，据陕西省水资源管理办公室发布的公报：1995 年，64 个水监站对该省 25 条主要河流 2210.7km（占总河长的 47.6%）进行的监测结果表明，污染超标的河长 1851.1km，占评价河长的 83.7%，其中严重污染的河长 1024.5km，占评价的 46.3%；枯水期情况更为严重，上述超标分别占到观测河长的 93.3%的 53.2%。

东西向流经关中腹地的黄河最大支流——渭河，在其 417.9km 的评价河段长上，除上游风阁岭至林家村 120.8km 的河段水质尚好外，进入关中后的 297.1km（占全长的 71.1%）全部超标，且为 V 级水质。当年作为长安八景之一的“咸阳古渡”，不仅河水流量锐减、断流，早失“舟楫之利”，且在平、枯水期，河道竟成为排污沟道。渭河在陕境的 12 条支流，全遭污染，命运更惨！当年人们沐浴垂钓、拂柳漫步的小河，现已灰末黑水，臭气熏天！乡镇作坊小厂乱倒乱排的垃圾污水，几乎污染了每条溪涧，沿河村民失去了清洁的水源和清新的环境，他（她）们望河兴叹，生命财产遭受着不应有的损害。

污染对水资源造成的破坏和对使清洁水源的减少，其危害十分严重，不仅使抗旱水源更加匮乏，而且直接威胁着人民的生命安全。水源污染已成为主要矛盾方面，应着力解决。

1）在处理水量和水质矛盾时，要认识水质问题是矛盾的主要方面，要置于第一的位置加以认真地对待；

2）在防污治污问题上要确定以防为主的方针，不要让“治污可以获得利润”的利益驱动，扭曲防污治污的主次；

3）完善立法、严格执法，要使农事活动、工矿生产、城乡建设等人类活动和社会行为都承担保护水质的道义责任、经济责任和法律责任；

4）要明确各有关部门的防污责任，实现监察严管；

5）加强防止水源污染的科学研究，提高防污效率、降低防污治污成本。

五、从总体和长远看，缺水是开发大西北、建立和谐社会的主要矛盾，应当及早解决

毛泽东同志告诉我们：“在复杂的事物的发展过程中，有许多的矛盾存在，其中必有一种是主要矛盾，由于它的存在和发展，规定或影响着其他矛盾的存在和发展。”“因此，研究任何过程，如果是存在着两个以上的矛盾的复杂过程的话，就要全力找出它的主要矛盾。抓住了这个主要矛盾，一切问题就迎刃而解了。”

前已提及，西部大开发是一个充满多种矛盾的复杂巨系统，那么，抓住了什么主要矛盾便会使问题迎刃而解呢？笔者认为对西部的大西北来说，其主要矛盾是干旱缺水。中国大西北的降水量——多数地区在200～400mm/a。在占全国33．1%的面积上仅分布着10% 的水，而且无论是降水还是径流，时空分布十分不均。因此，建设发达繁荣的未来西北，必须首先通过解决缺水问题加以实现。这其中的哲理本来十分清楚，因为水是生命的源泉、农业的命脉、工业的饮料、生态环境的支柱，世界上的万事万物都离不开水而发展。西北其所以生态严重脆弱就是因为十分缺水，致使万物缺乏生机，种下的草难活，栽下的树难长，企业因缺水而难办，建起的城市常因缺水而处于脏臭和水荒之中——就像名城西安5年前的那样。许多史实证明，一些古时西域名城的凋零和毁灭，大都与缺水有关。

现今西北五省区的供水量为790.2亿m^3/a需水量是857.4亿m^3/a，缺口67.2亿m^3/a；如果不建新的工程，不增加供水量，则2010年的缺水量将达到106.6亿m^3/a，2020年缺口将增大到204.2亿m^3/a，2030年的缺口将是230.8～255.8亿m^3/a，

也就是半个黄河的多年平均水量。如果考虑到西部大开发和再造西北的山川秀美，则缺口会更大。也就是说，如果在 10～30 内年不能解决缺水问题，人们的美好设想便将很难变成现实。

在西北的大开发中，把抓水资源选为突破口，还因为只有水是大开发和再造山川秀美的基础资源，水既能促进和保证开发，只有水能够对“开发”和“治理”产生共促共进的效果，而不会顾此失彼。但需强调，由于西北特殊的自然条件，西北水问题的解决，不仅要大力推进节约用水、强化科学管理，而且应当积极实现南水北调。世界的成功经验表明，开发缺水地区的最英明之举便是区外调水，美国、苏联、以色列的史实都证明了这一点。

西线南水北调存在较多困难，但都是可以克服的，绝不应成为久拖不为的理由，何况西部大开发和再造山川秀美本身就是与最大困难搏斗的事业。如果我们真正拥护西部的开发与西北的再造山川秀美，如果我们真心要发展西部，而不是淘了金子就走人地伤害它，以伤害和制约全国的发展与和谐社会的建立，则应在党中央的领导下，下定决心，排除万难，狠抓西北缺水问题的解决，真正做到小平同志所说的顾全两个大局。

专家主要著作或成果

1. 黄土高原综合治理定位试验国家科技进步一等奖、陕西省科技进步一等奖.
2. 排灌两用轻型井. 国家发明四等奖，1986.
3. 1996 年被评为西安市劳动模范.
4. 1997、1998 年被评为陕西省师德标兵、优秀博士生导师.
5. 2001 年被授予“全国优秀科技工作者”荣誉称号.

中国水环境管理的系统思考

作者简介

孟伟，男，山东青岛人，博士学位，中国工程院院士，中国环境科学研究院院长、研究员，联合国政府间海委会中国委员会委员，中国环境科学学会常务理事兼环境保准与基准专业委员会主任，中国毒理学会常务理事兼环境生态毒理专业委员会主任。2010 年被聘为中国科学院东北地理与农业生态研究所特聘研究员、博士生导师。主要从事流域水污染控制原理与技术、河口与海岸带生态环境保护科学研究，在流域水污染物容量总量控制、流域生态质量评估、河口海岸带生态健康管理、污染调控对策，以及突发性水污染事故生态安全评估等方面。主持完成 973 计划、863 计划、科技支撑计划等国家重大科技计划项目和课题多项，获得国家科技进步二等奖 1 项，省部级科技奖 7 项，发表学术论文百余篇，出版著作 6 部。

专家观点

一、中国水环境管理的发展历程

中国水环境管理的发展经历了几十年逐步深化认识的过程。我们对于自然界自然资源的开发利用从 20 世纪 50 年代开始，到了 80 年代我们认识到环境问题是很突出的问题，需要进行污染控制。现在我们意识到仅仅简单的控制还不行，因为生态环境与社会经济发展构成了一个复杂的大系统，相互影响、相互制约。环境污染治理必须跟经济社会发展紧密结合起来，统筹考虑。

我国在不同历史阶段采取的环境管理制度、措施、政策是有所不同的。20 世纪 70～80 年代，三废控制、污染源控制、降低污染程度、限期治理等为环境管理的主要内涵。2010 年以前更多实施污染物总量控制，控制 2～4 种主要的污染物，像 COD。这样的控制会不会保使环境有明显的改善呢？有效果，但是只能解决个例的问题，不会从总体上改善环境质量。所以现在越来越趋向于借鉴国际上的成功经验，要解决水环境的问题必须从全流域出发，设定的目标一定是保护流域的生态系统健康，具体的管理手段必须聚焦在保证保护对象的生态系统健康上。保护对象的生态系统健康必须研究一个合适的标准，而研究合适的标准，必须要有科学的基准作为基础，我们也必须实施在保证环境质量条件下的污染物总量控制，进行风险管理，建立一套污染控制技术体系，在流域上开展管理工作和制度设计工作。

通过这些年科学技术的研究和发展，中国的水环境污染控制和水环境保护理念发生了重大转变，逐步由末端治理向循环经济和清洁生产转变，由简单的总量控制向总量控制转变，由单一行政手段向综合手段转变，综合手段包括法律、经济、技术、行政管理。应当说，我们对环境问题的复杂性认识越来越深刻，环境问题绝不是靠单一的行政手段可以解决的，而是要改变过去环境和经济对立的关系，把环境保护和社会经济发展统一起来，这些理念越来越得到社会各个层面的共识。自 2008 年国家开始实施重大科技专项解决中国的水体污染控制与治理工作以来，我们提出：中国的水环境管理，要根据中国特点、借鉴国际经验，构建流域水质目标管理技术体系，这一技术体系是推动新时期的中国水环境管理的重大技术需求。

二、中国面临的主要水环境问题

根据 2012 年环保部的统计数据，一到三类水质国控断面接近 70%，劣五类水质仍然占 10%以上，七大流域里水质比较好的是长江和珠江，海河流域总体处于中度污染水平，比较可喜的是辽河流域、淮河流域达到了轻度污染，这说明经过这段时间的努力，对于环境污染的形势，如果简单按常规污染物衡量还是有所好转。但是湖泊富营养化的问题仍然是突出的问题，令人印象深刻的是 2007 年太湖发生蓝藻事件，导致无锡市饮用水受到影响，停止供水 3～4 天。

我们在国家重大科技专项的支持下，对中国的十个重点流域从东北到华南到东部到西部，进行了生态系统健康评价。我们引用了国际上公认的评价方法，采用五个指标（鱼、大型体系动物、藻类、水化学、营养状态），经评价，十个重点流域的生态系统健康状况总体上处于退化状态。

在经济快速发展的同时，严重的生态破坏和环境污染已经昭示我们发展方式必须进行调整和纠正，不能简单以消耗资源、破坏环境来带动经济发展，而是要以内涵式的发展方式，扩大内需，来拉动经济发展。要解决环境问题，还必须依靠科学技术进步。在实施国家重大科技专项的过程中，我们确实感觉到科学技术对解决中国水环境问题的重要性。

三、中国水环境管理的对策

中国下一步的水环境管理，首先必须明确水环境保护的目标，理顺经济社会发展和环境保护的关系，采取综合的手段解决中国水环境的问题。

法律上，应当完善水资源和水环境管理法律制度，设立适应新形势新目标的标准制度体系，用法律手段推进环境保护走向新的形势。

技术上，需要解决两方面的问题，一方面是污染控制技术，另一方面是水质管理技术。在污染控制方面，我们强调从末端控制转向源头控制和过程控制，倡导循环经济、绿色发展、生态修复。在水质管理方面，我们要明确保护对象和保护目标，开展水生态功能分区，研究建立新的环境基准。

四、构建流域水生态健康管理体系

构建流域水生态健康管理体系的目的就是要建立一套类似于欧洲的水框架指令，它的目标是要实现水生态系统健康和人体健康。构建流域水生态健康管理体系的主要手段是质量控制、总量控制和风险控制。通过这几个要素的技术创新，来支撑技术体系的构建，包括水生态管理、水生态功能分区、容量总量控制，把监测的内涵从一般性监测向水生态保护监测转变。

为了实现流域水生态健康管理体系构建的目标，我们结合国家重大科技专项的实施，构建了两个技术体系，分三个阶段实施：第一阶段，也就是“十一五”期间以控源减排解决污染控制技术为主导；第二阶段，“十二五”期间，在“十一五”基础上继续实施控源减排，同时开始研发生态修复；第三阶段，“十三五”期间，我们希望能够为流域水环境综合整治提供全面的技术支持。

我们研究了流域水生态管理的功能区、基准标准、承载力的调控、控制单元的容量总量控制，构建了从国家级到省级到市级到县级四级监测预警体系，围绕工业园和非工业园，已经开展了五大行业15个子行业的BAT技术的认证，也构建了中国的ETV的认证体系和中国ETV实证体系、平台和数据库系统，我们在这些方面已经取得了重大进展。应该讲这是我们的科学目标，我们正在逐步的推进，也希望在这个过程当中，不断加强与国际社会的合作。

环境保护与经济社会发展密切相关，保护环境就是保护生产力，提高环境质量就是发展生产力。要解决中国的环境保护问题，必须把环境保护问题纳入经济社会发展的大系统中综合考虑，而不能用牺牲环境换取经济社会发展。就环保论环保是“缘木求鱼”，必须把节约优先、保护优先放在突出位置上，在发展中保护，在保护中发展，设计合理的制度。

专家主要著作或成果

1. Modern sedimentation rates in the intertidal zone on the west coast of the Bohai gulf Mengwei、Leikun，Acta oceanologica sinica，2005，vol. 24. No. 3.

2. Preliminary study on the dissolved oxygen distributions and influential factors in the Daliao River estuary and its adjacent areas Leikun、Mengwei，Acta oceanologica sinica，2004，Vol. 23，No. 1.

3. 孟伟，秦延文，等. 长江口水体中N、P含量及其化学耗氧量的分析. 环境科学，2004，Vol. 25，No. 6.

4. 孟伟，雷坤，等. 渤海湾西岸潮间带现代沉积速率研究. 海洋学报，2005，Vol. 27，No. 3.

5. Anpassung des Umweltmanagement an die aktuelle situation in China，Mengwei、Luty krapp，“mull and Abfall”，2002，Vol. 34，No. 3.

6. 孟伟，张楠，等. 流域水质目标管理技术研究（I）——控制单元的总量控制技术. 环境科学研究，

2007，Vol. 20，No. 4.

7. 孟伟，刘征涛，等. 流域水质目标管理技术研究（II）——水环境基准、标准与总量控制. 环境科学研究，2008，Vol. 21，No. 1.

8. 孟伟，秦延文，等. 流域水质目标管理技术研究（III）——水环境流域监控技术研究. 2008，Vol. 21，No. 1.

9. 孟伟，王海燕，等. 流域水质目标管理技术研究（IV）——控制单元的水污染物排放限值与削减技术评估. 环境科学研究，2008，Vol. 21，No. 2.

10. 孟伟，杨荣金，等. 突发环境污染事件对湖泊浮游动物的影响. 环境科学研究，2007，Vol. 20，No. 4.

11. 孟伟，等. 渤海主要河口污染特征研究环境科学研究. 2004，Vol. 17，No. 6.

12. 孟伟，等. 我国主要河口水体污染毒理学现状研究. 毒理学杂志，2005，Vol. 19，No. 3.

13. 孟伟，等. GIS 技术在环境资源工作中的应用与发展. 地理信息世界，2004，Vol. 2，No. 5.

14. 孟伟，等. 中国流域水污染现状与控制策略的探讨. 2004，中国水利水电科学院学报，Vol. 2，No. 4.

专家挖掘技术

作者简介

顾基发，1953—1956 年在复旦大学数学系学习，1957 年北京大学计算数学专业毕业，毕业后在中科院力学研究所工作。1959—1963 年在苏联科学院列宁格勒数学研究所学习，取得数理科学副博士学位，回国后在中科院数学所工作，1980 年在系统科学所工作（曾任系统科学所副所长），1999 年在数学与系统科学研究院工作。先后担任过中国系统工程学会理事长、国际系统研究联合会主席等职务。1999—2003 年，曾任日本北陆先端科技大学院大学知识科学学院教授。是系统工程及运筹学领域的知名专家，最早提出运用多目标决策理论处理实际问题。他提出的关于“物理、事理、人理”思想得到十几个国家同行们的认可。

专家观点

现代科学知识的获取，从纵向上讲希望从古人以至今人那里去汲取知识，从横向讲，要从各种书本、媒体、网上和各种数据库、知识库以及专家们那里直接或间接获取知识。各种数据挖掘、文本挖掘和网上挖掘可以帮助人们从海量数据和信息中去获取这些知识。当然，也可以根据已获取的数据，利用各种模型来产生一些新知识，这可以叫模型挖掘。但是，为了实际需要，人们不单要获取那些显性知识，更想去获取存在于专家脑中的活的隐性知识；不单要获取个人的知识，更希望获取集体和组织的知识。在有多种专家知识存在的情况下，有真有伪，有来自各种不同流派的知识，特别是来自不同文化、代表了不同利益的群体知识，因此，更需要合理地综合它们，以便形成一些有用知识。这就是本文希望研究的专家挖掘。随着现代计算机技术的发展，机器也会产生一些知识，这就要求我们在人—机结合的情况下去获取知识，当然人—机结合还应该以人为主。近年来，国内外虽然有人从不同角度利用数据挖掘、文本挖掘、网上挖掘和模型挖掘的各种变形和改进开始研究专家挖掘，但都还比较粗浅，因此，要在综合集成方法论指导下较系统地研究专家挖掘。

一、专家挖掘就是使老专家的经验得到更好的挖掘和传承

如果说一般提到的数据挖掘用于在大样本结构较好、较单一的数据，那么专家挖掘技术的思想就是针对小样本多结构的复杂数据以及更多是活生生的专家作为对象，它要求使用多种分析方法，有定性的、定量的，或半定性、半定量的，而且综合集成，多角度多层面地深入分析某领域少量专家或者更为少量的著名专家的知识结构、思想方法、共性和特性，从而使得这些专家的经验更好地得以挖掘或者就是传承，甚至有所创新的一种系统方法。

尽管专家挖掘受数据挖掘影响，但又有自己明显的特色。例如对象是具体的人、样本数一般不大、与环境和文化的关系较密切等。两者的详细比较见下表。

序号	比较项目	数据挖掘	专家挖掘
1	挖掘对象	数据和信息	专家、专家经验和知识
2	数量	海量样本	少量样本，甚至孤样
3	人机结合	以机为主	以人为主
4	思维方式	逻辑思维、形象思维	逻辑思维、形象思维、灵感
5	分析方式	定量分析为主	定性、定量结合
6	知识形式	显性知识为主	隐性知识为主
7	与人的主观性	基本无关	有关
8	挖掘结果	知识和有用信息	成系统的知识、新思想
9	世界观、文化、哲学	不考虑	需要考虑

二、专家挖掘的出现与现有的几个挖掘方法有密切联系，它实际上是这些挖掘方法逐步深入的结果

（1）从数据挖掘走向专家挖掘

最典型的代表有美国的柯娃列奇克等。他们发现传统的数据挖掘主要针对数字数据，它们结构比较对称，并且与人已经分割开来，但是对于非数字数据以及结构不太对称，并且有些数据或结构直接由某些专家中来的就不太好办，例如从恐怖分子得来的信息既少又不正规，因此要提出新的方法（也可叫关系性数据挖掘）。这种方法在处理医学诊断信息时特别有用，他们也称之为专家挖掘。

（2）从网上挖掘走向专家挖掘

李涓子、唐杰等利用网上挖掘和社会网络分析开发了 ArnetMiner（面向专家经验的网上搜索系统），主要用来挖掘专家档案，在公开的数字图书馆中将有关专家的知识进行集成，建立专家们相互关系的学术网模型等。至今他们已经收集了 40 多万个专家档案。应该讲是专家挖掘的一个有用的工具。另外，还有从模型挖掘走向专家挖掘、从综合集成走向专家挖掘等。

三、综合集成方法要求将数据、信息、模型、知识、经验和专家智慧综合起来，将各种先进计算机、通讯和虚拟现实等技术集成起来

综合集成方法是由钱学森等为了解决开放复杂巨系统面临的问题，在 20 世纪 90 年代正式提出来的。近年来从事社会和谐问题的研究，对网上信息的开发特别是对社会舆论的调查更为关注，因此需要对网民的各种意见加以挖掘。尽管网民有的意见仅仅是简单的意见表达，但是其群体规律仍然值得重视，尤其需要从中挖出少数有真知灼见的专家意见，甚至从中找出隐藏在一般网民中的恐怖分子。在社会问题的处理中，通过数据和网上挖掘，可以找出一些统计规律和知识规则，但是，这些挖出来的知识是否真有意义和真正能用却是另一回事。因此，要请一些行家里手、各种专业的专家对它们进行重新整合、评估以至创造新的知识，这正是专家挖掘需要研究的。

四、用智慧去创造原先没有的东西，也就是专家挖掘

在解决现实复杂系统问题时，往往需要多种挖掘手段综合使用。如我们可以用数据挖掘分析海量数据，从中发现有用的知识，也可以用文本挖掘分析大量文字信息，从中发现有用的信息和知识，也可以用网上挖掘从因特网或各种内网等去发现有用的信息和知识。还可以用模型挖掘，去得到一些人们仅用简单心算而难以从一组复杂的方程或预测模型得到的一些新的结果。也可以用心理挖掘去得到一些人们隐藏在内心的一些思想。在上述挖掘的基础上，我们会要求专家去分析这些有时还会自相矛盾的结果，去创造一些新的思想、方法、理论，提出新对策。这意味着用智慧去创造原先没有的东西，也就是专家挖掘。

专家主要著作或成果

1. 顾基发. 存储论. 运筹学导论. 中国科学院数学所运筹室主编，鞍山市金属学会，1965.

2. 许国志，顾基发，等. 运筹学. 科学出版社，1973.

3. 顾基发，吴方，等. 优选法. 1978（二版）.

4. 顾基发，魏权龄. 多目标决策问题一最优化方法及其应用（五）. 数学研究所，1978.

5. Ku Chifa. Extension work practical applications and theoretical studies of Some Methods of seeking the optimum in China. Operational Research 75 North—Holland Company，1976.

6. Ku Chifa. Operational Research in China Operational Research78，North—Holland Company，1979.

7. 顾基发，魏权龄. 多目标决策问题. 应用数学与计算数学，No. 1，1980.

8. Ku Chifa. Some applications of Multiple Criteria Decision Making. Operational Research 81，North—Holland Company 1981.

9. 顾基发，金良超. 多目标决策及其应用，系统工程论文集. 科学出版社，1981.

10. 钱颂迪，顾基发. 运筹学. 北京：清华大学出版社，1990 年（二版）.

11. Gu Jifa. Invcntcd goal programming. Rcvue Belge de Statistique，D'informatique et. De Recherché Opertionelle，vol. 23，NO. 4，1983.

12. Gu Jifa. L. C. Jin，G. F. Shu. Order number methods for MCDM，Journal，of Systems Science and Math. Vol. 3，No. 4，1984.

13. 顾基发. 系统工程在领导工作中的应用，钱学森编写的《现代领导科学与艺术》书中一文，军事译文出版社，1985.

14. 顾基发. 决策分析——多目标决策，系统科学讲义（六）. 中国科学院系统科学研究所，1985.

15. 金良超，顾基发. 对话式虚拟目标法. 系统工程理论与实践，1985（1）.

中国航天系统工程实践

作者简介

钱振业，男，研究员。曾任设计员、工程组长、型号主任设计师、副总设计师，研究室副主任、主任、研究所副所长、所长等职。曾全程参与了 DF—1 仿制全过程，DF—2、DF—2A 型号研制全过程，中国载人航天技术发展途径的研究等项目。其中，DF—1 型号仿制荣立一等功，“东风二号甲地地导弹总体设计”获全国科学大会奖，“中国载人航天发展战略（系列报告）——软科学综合集成方法的实践”获国家科技进步二等奖，“大型运载火箭及天地往返运输系统可行性及概念研究”获国防科工委软科学科学技术进步二等奖。

专家观点

一、综合集成方法实践——中国载人航天发展战略研究

1986 年 3 月，邓小平同志指出“在高科技方面，我们要开步走，不然就赶不上，越到后来越赶不上，而且要花更多钱，所以从现在起就要开始搞”。因此，以“863”为代号的国家高新技术计划开始实施。

载人航天是“863 计划”中的重要组成部分。我国作为一个发展中的大国要不要搞载人航天？怎样搞载人航天？选择什么样的技术发展途径，才符合中国的国情和国力？对于这些问题，当时众说纷纭，各抒己见，难以形成定论。为此，钱

振业老所长会同杨广耀、韦德森等组成的航空航天战略小组开展了“中国载人航天发展战略”研究。

在研究过程中，考虑到载人航天工程是一项研制周期长、投资规模大、技术复杂的巨型系统工程体系，涉及到政治、经济、军事、科技、社会以及外交等各方面因素，因此载人航天战略研究小组决定运用“总体设计思想”、“定性定量相结合的综合集成方法”等系统工程思想和方法开展研究。

历经四年的研究，在充分分析资料和深入调查研究的基础上，运用辩证唯物主义的观点，采用软科学研究方法，以系统的观点和方法为指导，进行了综合的分析研究。系统地分析了世界载人航天技术发展的经验与教训，并结合全球和国家的战略方针，从不同的角度，不同的侧面和层次回答了：“我国为什么要搞载人航天”和“怎样搞载人航天”，以及“应采取的发展战略、目标体系和技术途径”，提出了关于中国载人航天“不能不搞、不能大搞、飞船起步、平稳发展”的战略思想及将任务目标分阶段来实施的发展思路，提出了一条我国如何走自己开拓宇宙空间的发展道路。

“中国载人航天发展战略（系列研究报告）”得到了当时高层的大力支持。当时的国务院总理李鹏听取了课题组对报告的汇报，指出“我赞成先从飞船搞起。我们的目标是有限的，基点还是自力更生为主”。报告还得到了原国务院发展研究中心马洪主任题词：“发展航天事业，加强国力建设”。航空航天部高级顾问任新民院士题词：“群策群力，开拓中国航天新纪元”。

二、系统工程思想指导导弹研制工程

为了使中国的火箭技术有一个较高的起点，国家不惜重金于 1958 年 6 月引进了全套近程导弹生产资料，从仿制开始起步，通过仿制学会自行设计。然而，由于涉及国家利益，我们只能得到仿制所需要的制造技术，却不能掌握自行设计本领。为此，我国于 1960 年开始了型号自行研制。

经过两年的奋战，通过总体设计、分系统设计、试制生产和试验，在 1962 年 3 月我国终于装出一发导弹并运往靶场发射。然而，导弹起飞后便失去了稳定控制，随后发动机也出了问题，只飞行了 18 秒就坠毁了。

经过两个月的故障分析，研制人员找出了故障原因，进而总结出了自行设计型号的规律。就是要按系统工程的思路办事，严格遵循型号的研制程序，统观全局妥善处理好总体与分系统、技术先进性与实现可能性、指标要求与投资强度等关系，不能把着眼点放在追求单项技术的先进性，盲目地去追求所谓的先进性。于是研制人员在总体设计上下工夫，完善设计理论和设计方法，建立了自己的设计规范，重新审查了总体和各分系统的设计方案，修改了原设计，加强了地面试验工作。经过两年的努力，于 1964 年 6 月重新开始了飞行试验，结果连续发射 3 发导弹均获成功。

专家主要著作或成果

1. 钱振业，等．回忆学习与思考．2004.
2. 钱振业，等．新概念弹道巡航式导弹武器途径探讨．2004.
3. 钱振业，等．中国商用航天发展战略研究．2002.
4. 钱振业，等．弹道巡航式导弹总体方案研究（提纲）．2000.
5. 钱振业，等．对中国商用航天发展战略的思考．2000.
6. 钱振业，等．对日本航天高技术发展的思考．1998.
7. 钱振业，等．对高科技武器发展战略的思考．1997.
8. 钱振业，等．航天技术概论．1996.
9. 钱振业，等．航天育种现在及未来（调查报告）．1994.
10. 钱振业，等．中国载人航天发展战略（系列研究报告）．1990.
11. 钱振业，等．我国航天高新技术发展途径探讨——兼谈飞船及其应用．1986.

软件工程是软件领域的系统工程

作者简介

杨海成，男，博士、教授、博士生导师，现任中国航天科技集团总工程师（负责信息化和软件工程化工作），北京神舟航天软件公司董事长，中国航天科技集团公司科技委信息化与软件技术专业组组长，探月工程软件专家组组长。主要工作方向：组织推动集团公司经营管理信息化、院所设计制造过程数字化、航天软件产品产业化进程；保证航天重点工程的软件质量。曾获得国家科技进步奖二等奖 1 项，三等奖 1 项；发表学术论文 100 余篇，出版专著 7 部。先后被授予“国家级中青年有突出贡献专家”、国家“百千万人才工程”首批人选、“863 计划有突出贡献专家”等称号。

专家观点

一、软件工程就是软件领域的系统工程

系统工程从普遍的系统角度研究问题，总结了各种系统实践的成功经验；软件工程其实就是系统工程在软件研制过程中的一个具体应用，就是软件的系统工程。运用系统工程的思想、原理、方法和技术来指导软件工程的发展，可以为软件工程的发展提供前瞻性的方向指引和高屋建瓴的理论指导，从而确保型号软件与型号系统的紧密配合，确保软件研制工作与型号系统研制工作紧密协调，这是

航天型号软件工程发展的有效途径。现在，许多新的软件工程标准规范已经将软件系统分析与设计的内容纳入到软件工程化要求当中，并充分体现了系统工程的思想方法。在 ESA 最新发布的 ECSS-E-ST-40 Space Engineering — Software 软件工程标准中，明确将“与软件相关的系统要求”作为一个独立的软件过程纳入软件工程过程；在新制定的我国航天重大工程的软件工程规范中，如 Q/QJA30A—2013《航天型号软件工程化要求》，也特别加强了软件系统分析与设计、软件系统测试等内容。系统工程中的全生存周期管理、定性与定量相结合方法、配置管理、风险控制等思想方法在软件工程中得到体现与应用。

二、开展型号信息系统总体分析与设计

在天地一体化信息系统的建设中，根据整体任务需求设计系统的信息流，设置信息处理模块（包括航天器、地面终端、数据处理节点等）。对于每个航天型号，根据它在天基系统信息流中的地位确定信息传输、处理等功能模块。信息将成为这类系统的主要功能体现，也是系统各部分连接的主要形式。

在航天系统的设计中，要进一步重视整系统信息规划，科学设计信息流和信息处理节点。在航天型号的设计中，做好信息系统的总体分析与设计，分配信息处理的功能和性能指标，详细分析系统的数据流、控制流、时序关系和接口信息协议，充分考虑信息处理功能模块的复用，优化信息处理、传输的效率，做好整系统的安全性分析工作。再根据每个节点的需求合理划分软硬件模块，确定并优化软硬件模块的性能指标。重视系统接口的集成与验证。在航天型号总体设计中，逐步凸显航天型号的信息总体设计。

在软件的研制过程中，软件的作用范围不再只局限于所属分系统，而是与型号总体乃至整个系统相关联，软件的功能及质量要求应该服从整个任务的信息处理需求，服从于整个航天型号信息系统总体设计要求。要更加重视软件之间的数据接口与通信，确保数据通信的正确性与可靠性；加强软硬件的协同设计，充分利用软硬件的特点，最优配置系统。

三、加强软件工程的系统管理

航天型号软件的研制过程是一项系统工程，同时，航天型号软件的研制工作要与整个型号研制工作协调统一。目前，航天型号软件的研制环境也在发生变化，更多的相关单位和民营企业参与到航天型号的软件的研制工作中，商业现货软件（COTS）也逐渐出现在航天型号产品中，型号软件的研制环境、管理方法也在发生巨大的变化。因此，需要进一步加强航天型号软件工程的系统管理。

需要根据软件工程规范要求，重点加强软件工程化措施的落实和研制过程改进，将软件工程化措施和 CMMI 规则在实际工作中落实；加强度量工作，通过采集、分析软件工程数据，定量的分析软件产品的质量，评价软件工程的方法技术、工具环境、组织管理的有效性，根据实际情况进行针对性的改进。重点加强软件研制的风险分析工作，根据型号总体和信息系统总体的宏观环境，以及软件研制的自身特点，加强研制工作的风险分析、识别、控制等。针对每个项目的实际情况进行全局分析和考虑，合理选用软件研制模式，综合运用软件工程的措施手段，充分发挥每一个成员的积极性和创造性，提高整个软件研制体系和队伍的响应能力，多方协调，实现整体最优，满足项目工作要求。进一步加强软件机构、人员的认证工作，开展培训和考核认证，实现持证上岗；通过持续的培训、认证和检查，确保机构与人员的能力满足我国航天型号任务的需要。

四、系统提高软件工程技术水平

航天型号任务对航天型号软件工程技术的要求越来越高，软件工程技术本身也在突飞猛进的发展，因此，需要实施基础性的技术升级工作，突破技术瓶颈，并及时在型号中试点推广，引导航天型号软件工程技术水平的升级。需要突破的软件工程技术包括新型软件研制模式、适合航天的面向对象技术体系、软件系统设计与验证方法、可编程器件的研制与管理方法等等。

在突破关键技术的基础上，更新并完善软件工程标准规范体系。结合软件发展战略，做好软件标准规范的顶层策划，处理好标准的一致性与衔接性，利用标准规范体系指导实现软件开发、管理的科学化与规范化。

在技术规范的基础上，重点推广应用软件工程支撑工具与环境，通过这些手段推进软件工程化措施的落实和效率的提高。例如，应逐渐引入软件开发有关的CASE工具，支持软件分析、设计等工作并实现模型检查、质量度量等功能，结合工具的使用推广规范的软件开发方法；将各单项工具进行有效的集成，实现软件全生存周期各阶段工作的自动衔接与转换，实现软件开发与验证工作的关联；自动采集、分析软件度量数据，实现软件开发与项目管理的有机集成；逐渐建立型号软件知识库，实现型号软件标准库、可复用软件模块库等知识成果的积累与使用。

专家主要著作或成果

1. 杨海成，主编. 航天型号软件工程. 中国宇航出版社， 2011.

2. 杨海成，陆长德，余隋怀，主编. 计算机辅助工业设计. 北京理工大学出版社，2009.

3. 杨海成，主编. 数字化设计制造基础. 西北工业大学出版社，2007.

4. 杨海成，廖文和，著. 基于知识的三维CAD技术及应用. 科学出版社，2004.

5. 杨海成，主编. 制造业信息化之路. 西北工业大学出版社，2003.

6. 杨海成，齐国宁，等. 制造业信息化工程——背景、内容与案例. 机械工业出版社，2003.

7. 杨海成，胡家齐，徐晓飞，等. 制造业信息化技术——问答. 机械工业出版社. 2003.

8. 杨海成，张振明，等. 计算机辅助制造工程. 西北工业大学出版社， 2001.

系统工程的发展历程与研究模式

作者简介

王崑声，男，硕士学位，研究员，注册咨询工程师，博士生导师，中共党员，中国航天系统科学与工程研究院院长，中国航天社会系统工程实验室（CALSSE）理事，中国宇航学会计算机专业委员会主任委员，中国系统工程学会、中国自动化学会、中国数量经济学会、中国信息协会、中国社会经济系统分析研究会、中国林业与环境促进会、中国计算机用户协会仿真应用分会理事会副理事长，中国航天工程科技发展战略研究院秘书长，副院长。

1982年8月毕业于北京航空航天大学自动控制专业；1985年6月天津大学系统工程专业研究生毕业，获硕士学位。曾任航天七一〇所研究部副主任、主任，副所长、所长，中国航天工程咨询中心主任。

长期从事系统工程、信息化技术和工程研究，参与并负责研究课题70多项。撰写专题报告和发表学术论文50多篇。获国家科技进步奖3项；国防科技进步奖5项；其他省部级科技进步奖3项。2000年享受政府特殊津贴；2002年被授予“集团公司跨世纪青年学术带头人”、“部级有突出贡献专家”；2004年被授予“首批新世纪百千万人才工程国家级人选”和“集团公司2518核心人才工程人选”；优秀高级管理人才、优秀硕士生导师和航天奖获得者。

专家观点

一、系统工程早期发展及七一〇所的一些贡献

从学科建设上讲，开设系统工程专业比较早的一些院校，如西安交通大学、中科院、天津大学、国防科大等起到了重要作用。天津大学的系统工程学科建设一直比较好，上世纪70年代末80年代初就成立了系统工程研究所。

从系统工程本身发展来看，主要体现在应用层面和方法论上。在应用层面，主要以工程为背景，对当时的一些经济社会问题进行了研究，如财政、测算等。七一〇所的一些研究成果在当时就很有影响。根据当时国家经济改革和宏观决策的需要，七一〇所在人口、宏观经济、技术进步等方面承担了“财政补贴、价格、工资系统研究”、“中国人口控制与预测”、“中国人口文化素质定量”、“中国宏观经济政策模拟和经济调控系统研究”、“技术进步与产业结构”“三峡工程国民经济承受能力分析”等研究，皆获得了国家或省部级科技进步奖。在综合集成方面，承担了国家“863”计划“综合集成的宏观经济决策支持系统”、国家自然科学基金重大项目“基于宏观经济的人机结合的综合体系研究”等，也皆获得部级科技进步奖；在载人航天方面，承担了“中国载人航天发展战略”、“中国载人航天发展战略——软科学综合集成方法的实践”，分别获得了部级科技进步一等奖和国家科技进步二等奖。七一〇所当时在国家很受重视。第一批为金海工程（中南海信息化工程）提供信息的13家单位中，12个都是国家综合管理部门，像计委、统计局、经贸委等，只有七一〇所一家是工业部门研究单位，就是因为七一〇所有系统工程，中央财经小组还专门给七一〇所下了文件，要七一〇所每个月都提供一些宏观经济的研究成果，用宋健的话说“七一〇所经常给中央打小报告”。

在方法论上，80年代后期，在钱老的倡议和指导下，七一〇所开办了系统学讨论班，每周一次，主要针对一些复杂性问题进行研讨。参加的人员包括系统工程方面的专家、物理方面的专家、数学方面的专家、哲学方面的专家、经济方面的专家等等。钱老每次都参加，都会认真的听取别人的报告和发言，和参会人员进行讨论，同时也提出自己的思想和观点。讨论班很活跃，不同领域的专家会从

不同角度对问题进行剖析，最后达成一些共识。正如钱老所说："综合集成就是把专家点点滴滴的意见综合起来，中国有句老话叫'集腋成裘'，我们最后要把这个'裘'搞出来，就是靠大家的意见，点点滴滴汇成一个完整的东西。"1987 年，钱老在系统学讨论班上第一次提出了研究开放复杂巨系统的方法，并将其命名为"定性与定量相集合的综合集成方法"，1990 年改为了"从定性到定量的综合集成方法"。可以说，"从定性到定量的综合集成方法"就是在系统学讨论班的实践中提炼出来的。"从定性到定量的综合集成方法"对解决现在的一些复杂系统问题确实是一种很有效的方法，但要解决复杂问题还有很多需要考虑。当然，这个方法在当时还是很有效的。钱老在中央党校等多个场合也对这个方法进行了讲解。综合集成的概念也源于这个方法。

后来，钱老又推动了把系统学上升为一种科学，再到系统论等一系列发展，在航天实践中又提炼出了型号管理的"总体部"模式。

二、系统工程的两种研究模式

系统工程的研究模式有两种：一种是"导师带学生"的模式；另一种是"综合集成"的模式。

1）"导师带学生"的模式虽然也能写出漂亮的文章，但面对大的问题，在团队组织上就有所欠缺，因为这种模式是以老师为核心，老师的水平决定了团队的水平，而老师的水平有限，所以就很难在一些领域上有所突破。

2）"综合集成"的模式迎合现代科技的发展形势，组织方方面面的专家共同去研究一个问题，是一种现代科技的组织模式。这种模式就不像"导师带学生"的模式，不取决于一个人的水平，而是取决于整个团队的水平。

专家主要著作或成果

1. 获国家科技进步奖 3 项.
2. 获国防科技进步奖 5 项，获其他省部级科技进步奖 3 项.
3. 2000 年享受政府特殊津贴.

4. 2002 年被授予“中国航天科技集团公司跨世纪青年学术带头人”、“部级有突出贡献专家”.

5. 2004 年被授予“首批新世纪百千万人才工程国家级人选”和“中国航天科技集团公司 2518 核心人才工程人选”.

航天工程管理的系统观点与方法

作者简介

郭宝柱，男，研究员、博士生导师，环境与减灾卫星工程总师、国际宇航科学院院士。历任航天工业总公司科研生产局局长、国防科工委系统一司司长兼国家航天局副局长、中国航天科技集团公司科技委副主任、中国航天工程咨询中心科技委主任等职。曾参与制定并组织实施了中国航天工业总公司各项科研生产和质量管理措施，深入研究科研管理的深层次机制、体制问题，积极提出深化改革意见，为推动航天科研生产和质量发展做出了重要贡献。先后获得“部级科技进步一等奖”，“部级科技进步二等奖” 3 项，“部级优秀出国人员贡献奖”和“政府特殊津贴”等奖项。

专家观点

面对国内外政治、经济、军事环境的持续变化，科学技术的迅速发展，中国航天工程的组织管理是复杂性管理。人的复杂心理现象和不确定的行为是复杂性的重要根源。如何激励人的积极性，形成群体创造力；如何综合多种专业技术，获得一个整体性能优化的产品；如何有效协调资源，控制风险，保证按照性能指标、经费预算和计划进度要求完成研制任务，特别是实现飞行试验“一次成功”的质量目标，是对航天工程管理能力的巨大挑战。系统思维（Systems Thinking）和系统工程方法(Systems Engineering)是应对管理和技术复杂性的有效方法。

一、航天工程管理

航天工程管理包括三个基本层次：系统工程管理（Systems Engineering Management）、型号管理(Project Management)和组织机构管理(Organization Management)。

航天系统工程管理是对分析、设计、试验等活动的技术管理，目标是从需求出发，技术上实现一个航天系统。航天型号管理是对航天任务的项目管理，目标是在计划进度约束和经费预算的范围内，按照性能指标要求完成研制任务。组织机构管理是对航天科技工业各级组织机构的管理，目标是在圆满完成各项任务的同时，保持组织机构的持续发展。

二、航天系统工程方法

面对工程对象要采取系统工程方法。系统工程方法是成功实现系统的跨学科方法。系统工程方法从需求出发，综合多种专业技术，通过分析、综合、试验的反复迭代过程，开发出一个满足使用要求、总体优化的系统。

系统工程方法包括强调总体设计、遵循研制程序和结构化的要求——体系结构转化过程，是一种定量分析的方法。总体设计从需求以及大系统约束条件出发，经过分析权衡得到系统顶层体系结构和功能、性能要求。根据研制对象的特点，把系统结构和功能要求逐级分解到分系统和单机，使它们成为成千上万参与单位和人员的具体工作。再经过从部件、分系统到系统逐级协调、设计、集成与试验，最后得到满足使用要求的系统产品，实现系统整体功能和性能的“1+1>2”。总体设计部是中国航天系统工程方法的体现。随着航天工程的实践，总体地位不断得到强化和提升，服从总体成为一种不容置疑的观念。

研制程序体现了航天系统研制过程的科学规律，保证了一个长周期的研制过程能够有序展开，分阶段对目标进行跟踪和控制。航天研制程序包括概念探索，关键技术攻关和可行性论证，初步设计，详细设计、生产、部署，以及使用和保障阶段。中国航天研制程序是政府颁布的法规。严格遵循研制程序已经成为技术人员和管理人员一种自觉的行为。

系统工程过程（SEP）是一个分析——设计——验证反复进行的结构化认知过程和从要求到体系结构的转化过程，是认识和实践不断深化，逐步使系统满足使用要求的过程。航天系统工程方法采用定量分析的方法。系统分析、运筹学所研究的预测分析方法与模型、数学规划方法与模型、博弈论、排队论、搜索论、库存论、决策论以及网络计划技术等为系统工程方法提供了重要的工具。计算机仿真技术利用已知的基本科学定律和实践经验建立系统的数学模型和仿真模型，在计算机上进行仿真试验，可以在各个研制阶段定量分析和认识航天系统的行为特性。

系统工程方法应用于管理过程是系统工程管理，是项目管理中的技术管理。系统工程管理保证系统的分析、定义、集成和验证等工作有序进行。同时保证技术开发过程中性能指标、进度和成本三要素的均衡进展。系统工程管理的内容主要包括技术工作分解结构，系统工程计划与控制，技术状态管理，技术评审与审查，技术风险管理等。

三、航天组织机构管理

航天项目团队融合在组织机构的文化氛围当中，在组织机构统筹组织和协调下工作，得到组织机构技术、资源等方面的支持，组织机构的整体能力对项目管理和系统工程方法的效能具有决定性的影响，因此组织机构管理是航天工程管理的重要组成部分。中国航天科技工业是以型号研究院为基础，按型号配套，以科研为主导，科研、生产相结合的总部、研究院和所、厂三级管理体制。专业研究院、所的科技研发能力与两条指挥线形成的型号研制能力通过矩阵关系形成的系统结构，保证了中国航天科技工业完成任务和技术发展的整体能力。

中国航天科技工业系统的基本要素包括目标、人、设施、资金、物资、信息、技术和管理方法，是一个开放的复杂巨系统。人的复杂心理现象和不确定的行为是系统复杂性的重要根源。高智能群体的合作不再是简单的线性关系。群体可以产生巨大的创造力量，也可能发生导致危机的涣散现象。创业时期，航天人的共同理想和追求激励起人的积极态度和坚定的意志；科学、高效的合作关系，把个人的积极性和能力结合成一种群体的能力，从而“涌现”出强大的创造性力量。20世纪90年代任务量增加，技术上台阶、管理方法不适应是进入低谷的重要原因。而大量的低层次、重复性和人为责任事故说明，新经济形势下人的事业心、责任感和严谨的工作作风是至关重要的影响因素。注重人的因素，强调以人为本，激励和保持群体创造力历来是中国航天组织管理的核心问题。中国航天组织管理是复杂性管理，需要系统思维，即系统科学的观点和方法。

四、航天型号管理

航天型号管理是大型复杂工程项目管理。在型号和技术两条指挥线里，型号总指挥是型号任务的总负责人，是资源保障方面的组织者、指挥者；型号总设计师是型号任务的技术总负责人，在型号总指挥的领导下对型号的技术工作负责。型号团队是按照型号基本型建立的多专业集成研制队伍；一个跨建制、跨部门的指挥调度体系，协调人、财、物等资源，跟踪、控制研制的进展；各级总体设计采用系统工程方法保证复杂技术系统的实现，通过系统工程管理保证技术工作有序展开。型号团队利用一个集成化信息管理系统（AVIDM）实现研制、生产和管理信息共享，保证准确的信息在适当的时间到达必要的位置。

航天项目管理包括团队的组织管理和产品的技术管理，也是复杂性管理，既需要系统思维又需要系统工程方法。

专家主要著作或成果

1. 郭宝柱. 大型、复杂技术项目的系统工程方法. 科学发展观与系统工程. 中国系统工程学会第十四届学术年会论文集，2006.

2.（美）弗雷姆（Frame. J. D），著.郭宝柱，译. 项目管理能力. 世界图书出版公司，2002.

3. 郭宝柱. “系统工程”辨析. 航天器工程，2013（4）.

4.（美）弗雷姆（Frame. J. D），著.郭宝柱，译. 组织机构中的项目管理. 世界图书出版公司，2002.

5. 郭宝柱. 航天工程管理的系统观点与方法. 中国工程科学，2011（4）.

7. 郭宝柱. 航天系统工程方法. 高科技产业的系统工程管理论文集，2003.

8. 郭宝柱. 试论系统工程与项目管理. 航天工业管理，2006（6）.

9. 郭宝柱. 中国航天项目管理探讨. 中国航天报，2002（07-12）003.

10. 郭宝柱. 系统观点和系统工程方法. 航天工业管理，2007（2）.

11. 郭宝柱. 中国航天管理主旋律系统工程. 中国航天报， 2003（05-16）.

12. 郭宝柱. 系统科学的理论与方法在航天项目管理中的应用研究. 宇航学报，2008（1）.

13. 郭宝柱. 大型复杂技术项目的系统观点与系统工程方法. 中国工程科学. 2008（3）.

新形势下发展系统工程需要继承与创新

作者简介

薛惠锋，1964 年 6 月出生，男，山西省运城市万荣县人，博士（后），系统工程与管理科学专家。现任中国航天系统科学与工程研究院副院长兼任科技委主任，长期钻研系统科学/系统工程及现代管理科学的先进思想方法与技术，学以致用，在地市级、省级、国家级的经济社会发展/社会系统工程等广阔领域进行文理交叉的理论探索与实践运用，并取得了较好的社会效益和经济效益，得到了有关党政领导及钱学森等老一辈科学家的充分肯定与良好评价。

先后任湖南省经济地理研究所研究实习员，陕西省计划委员会国土处副主任科员、主任科员、工程师，西安理工大学水文与水资源研究所副所长，西北工业大学资源与环境信息化研究所所长，中共西安市委组织部研究室副主任，西安市计划委员会规划科技处处长，中共西安市委副秘书长（正局级），中共中央办公厅法规室副主任、全国人民代表大会环境与资源保护委员会调研室副主任、法案室主任等职。

曾任职中国航天社会系统工程实验室主任，中国航天系统科学与工程研究院教授、博士生导师，中国环境科学研究院研究员，西北工业大学自动化学院教授、博士生导师，西北工业大学资源与环境信息化工程研究所学术委员会主任，西安理工大学经济与管理学院教授、博士生导师，中国社会系统工程专家组（EGSSE）

成员，全国人民代表大会环境与资源保护委员会“G8+5”立法者论坛工作组成员，水利部世界银行项目“生态补偿机制系统研究”首席专家，亚洲银行水污染处理首席专家，国家发展和改革委员会能源研究所专家组成员，中国生态文明研究与促进会常务理事，陕西省信息化领导小组特聘专家等。

专家观点

一、让系统工程在研讨中焕发活力

（一）追逐昔日光芒 重振系统学科

系统工程诞生于20世纪三四十年代，但直到钱学森回国，中国系统工程研究领域依然处于“未开发”地带。1978年，钱学森等在文汇报上发表了《组织管理的技术——系统工程》，在国内引起了强烈反响。在周恩来和聂荣臻等老一辈革命家的重视和领导下，1986年钱学森在原七一〇所倡议并主导开办了“系统学讨论班”，集结了全国各地、各领域的专家、学者就展开系统学讨论与研究。连续近七年，每周一次，每次半天，不管科研任务多忙，钱学森都参加讨论并作几十分钟的总结发言。

“系统学讨论班”提供了一个支撑航天、服务国家的平台。讨论班的很多研究成果为党和国家决策提供了重要依据，为航天、国防、社会经济建设提供了理论支撑。系统学讨论班培养了一大批系统工程人才，大部分学员后来都成为了系统学的学界骨干。

2011年12月8日，原七一〇所、原七〇七所等单位组成的中国航天工程咨询中心更名为中国航天系统科学与工程研究院。虽然钱学森已经不在了，但曾与他一起并肩作战、经他指点、受他感染的一大批学者还在；虽然原七一〇所改组了，但系统工程研究的精神还在；虽然组成人员变了，但老前辈奠基的雄厚的学术根底还在。为了进一步传承钱学森等前辈系统科学的思想精髓，发扬光大中国系统工程理论方法，将原七一〇所创建的具有中国特色的系统工程方法推广到更广阔的领域，系统院作了一系列的努力，包括开办“系统工程高级研讨班”和开展系统工程访谈工作。

（二）凝聚多方力量 丰富学科内涵

中国的系统工程产生于两弹一星、载人航天、探月工程等科研实践，不仅服务于中国航天事业，而且服务于国防和社会经济等各方面建设。现在中国改革已经进入攻坚期和深水区，需要借助系统的思维，加强顶层设计和总体规划，而中国航天事业的巨大进步也对系统工程研究提出了新命题。在这种形势下，如何承接系统工程的“接力棒”，重振系统工程雄风，成为系统院一直在探索与思考的问题。

2013 年春节过后，系统院重办“系统工程高级研讨班”，在继承原七一〇所“系统学讨论班”的基础上，丰富了活动形式：平均每月开展两次，或讲座，或调研，或研讨会等，集聚各方力量，加强系统工程研究，重塑“系统学讨论班”的辉煌。重新整合的系统工程高级研讨班依然是一个开放的学术交流平台，全国各地、各领域、各阶层的人都可以参与，包括院士、学者、领导、将军、普通工作者等，都可以结合自身实践，围绕系统工程展开广泛的交流。

除此之外，自 2013 年 5 月起，系统院调动科技委一切力量，包括院内专家、博士后、博士生、研究生、院内工作人员等，开展系统工程访谈工作。通过座谈、走访、听取报告、查阅资料等方式，对航天系统内外知名专家、科研工作者、工程实践者等进行访谈，通过共同回顾历史、分析形势、总结经验、研究问题和探寻对策，形成访谈纪要，建立系统工程发展资料库。目前已访谈近百人，且还将继续下去。

（三）汲取多重营养 打造航天品牌

“系统工程高级研讨班”和专家访谈活动是贯彻落实中央有关精神及中国航天科技集团公司党组要求的具体实践。希望借助系列活动，再次汇集全国各地、各领域的系统工程专家，凝聚一切资源和智慧，丰富系统工程的思维与方法；培养一批年轻的系统工程人才，推动学科发展与建设。也借此对系统院进行历史的审视，对现有发展实力进行科学理性的评估，对未来发展环境与战略进行综合分析与探索。

系统工程理论来源于实践，也将回到现实中指导实践。研讨和访谈中得到的很多成果是针对实践遇到的新命题得出的，为系统院做出科学合理的决策提供依据；资料库为“系统院发展战略研究”和“系统院核心竞争力的挖掘与梳理”等课题的深入开展奠定了基础。很多专家的建议对系统院发展有很大指导和鞭策作用，例如中国工程院院士栾恩杰在接受访谈时讲道：“要跳出航天来看航天，不能单纯从航天技术角度看发展，而是从国家安全、社会发展的角度综合来看。”

通过实践，系统院逐渐探索出了一种工作、研究、创新工作方式的机制，以提高系统院核心竞争力，打造中国航天系统工程品牌。在活动中，大家把心凝聚到工作中来，消耗负能量，凝聚正能量，以振兴单位、振兴系统工程事业为己任，形成了好的氛围、好的环境。他山之石，可以攻玉，研讨班和专家访谈吸纳了系统工程方面先进的思想、理论与思考，有助于完善系统工程理论与方法体系，解决新形势下航天领域内外问题。薛惠锋说：“在访谈中很多专家表示，希望系统院的研讨班再大一些，将全国各地的系统研究人员聚集起来，形成规模化的系统工程研究队伍。下一步，系统院将围绕系统工程研讨班重点做好两方面工作：一是建立系统工程高级研讨班资料库，挖掘和梳理系统工程专家相关理论认识、问题研究和经验总结等内容，为系统院乃至航天、国家和社会等各方面做出科学合理的决策依据。二是扩大研讨班的组织活动范围，采取‘引进来，走出去’的方式，一方面引进高端专家，吸引高校师生参与研讨；另一方面将我们的专家资源与系统外专家学者以及高校师生分享，开展更为广泛的交流，从而丰富系统工程的思维和方法，培养一批年轻的系统工程人才，将全国各地的系统研究人员聚集起来，形成规模化系统工程研究队伍，为新时期中国航天、国防事业和社会经济发展提供科学指导。”

二、系统工程的关键在于“提升”

薛惠锋是一位在地方党委、政府、人大、科研院所历经近了 30 年的系统工程实践者，一直坚持以系统工程理念、理论、方法与技术，以及相关的技术支持系统，对复杂社会系统的演化规律与卓越治理模式，进行了跨学科、跨领域、综合集成的理论研究与实践应用，探索解决中国特色社会主义建设中经济系统、政治系统、文化系统、环境系统、人才系统、民生系统以及社会系统的安全与发展等领域所面临的大量现实问题，形成了大量的研究成果，得到了国家有关部委领导及同行的高度认可。系统工程在国内已被广泛谈及，历代党和国家领导人曾多次提到，都极为重视系统工程的发展。邓小平同志曾指出：“改善党的领导工作是个复杂的问题，要系统地、切实地解决这些问题”。江泽民同志也提到：“系统工程是处理复杂系统所用的方法”。胡锦涛同志认为：“构建社会主体和谐社会是一个复杂的社会系统工程，必须统筹兼顾、突出重点，坚持把群众利益放在首位。”习近平同志在第十八届中共中央政治局第二次集体学习时也讲道：“改革开放是一个系统工程，必须坚持全面改革，在各项改革协同配合中推进”。

在当前开展的系统工程专家访谈中，很多专家学者对系统工程的理解表现出不同的倾向。钱学森、于景元等老前辈倡导复杂系统综合集成理论方法，该方法已经贯穿于工程、技术、科学直到哲学的不同层次上。国防科工委副主任、中国工程院院士栾恩杰院士认为，系统工程的关键在于运行，系统工程只能从实践中提炼、总结，并在实践中凝聚和升华。中国航天集团公司科技委副主任郭宝柱认为，中国系统工程方法体现系统分析与集成的思路，系统工程是组织管理航天型号系统研制工作的唯一选择。原航天九院院长、钱学森的秘书陶家渠认为，系统工程的本质方法除了综合集成外，还要依靠群众，走群众路线。

系统工程诞生于航天，而不仅仅应用于航天，系统工程理论方法应用于社会，对社会管理起到了极其重要的作用。在综合研究这些观点的基础上，薛惠锋认为“系统工程是利用一切可以利用的思想、理论、技术、模型和方法将系统状态由现状层提升到目标层的综合提升”，强调“是理论、方法、技术、模型和思想的综合”，其关键在于“提升”。

综合提升并非是对钱学森提出的从定性到定量综合集成方法的否定，而是来源于综合集成，以综合集成为基础，更加强调对系统的长期演化进行正确的把握和科学的指导。它是钱老的综合集成方法在方法论上的发展。因为综合集成方法是将系统在当前状态下加以认识和把握，通过运用集成方法和手段，使得系统结构功能得以完善。虽然其中已有“提升”的含义，然其更多强调对系统从多方面的定性认识到定量认识的提升。任何系统都是处于运动和变化中，在综合集成得到完善后，其各部分和要素的结构和关系也必然处于演化当中。因此，这就要求我们不仅要关注于系统现阶段的情况，更要对系统整体的演化规律加以认识和把握，通过多次的综合集成，使之能不断地向更高级状态进行提升，最终达到动态最优。

系统综合提升包含三个阶段，即初始阶段（现状层）、提升阶段和高级阶段（目标层）。系统由于自身的演化和发展，在现状层产生整体提升的需求，通过综合集成的方法，使之产生整体提升的动力和方向。在提升过程中反复进行综合集成，对动力和方向进行维持或修正，最终达到目标状态，这个过程就是综合提升的过程。其中目标状态一定是稳定的最优或次优状态，而非提升过程中的某个尖点或者峰值。它必须满足系统能够维持一个相对稳定的良好的结构和功能而进行一段时期的发展和演化。需要注意的是，综合提升的过程并非单向的直线型结构，而是螺旋状不断地循环和往复，适时以目标层再作为初始层而反复这个过程，才能做到持续提升。值得强调的是，综合提升并非提升的集成，而是集成的提升，这是至关重要的一点，也是体现系统观的地方。任何局部提升的简单加和和集成都非综合提升。综合提升是整体的提升，是综合集成基础上的提升。这一过程可能伴随着部分局部的退减或衰亡。

专家主要著作或成果

主要著作

1. 薛惠锋，王平．水资源支持区域经济发展研究．陕西科学技术出版社（ISBN7-5369-2492-5/P37），1996.

2. 薛惠锋，贾嵘，薛小杰，蒋晓辉．水资源可持续利用的理论与实践．西安地图出版社（ISBN7-80545-669-0/K496），1998.

3. 薛惠锋，贾嵘，张文宇，王平．信息港理论与实践，陕西科学技术出版社（ISBN7-5369-3151-4/TP152），2000.

4. 薛惠锋，张洪才．资源环境信息化工程．陕西科学技术出版社（ISBN7-5369-3378-9/N35），2001.

5. 薛惠锋，寇晓东，秦丕栋．城市系统工程探索．西北工业大学出版社（ISBN7-5612-1775-7/TU15），2004.

6. 薛惠锋，周明，寇晓东．系统工程前沿论丛．西北工业大学出版社（ISBN978-7-5612-1804-4），2004.

7. 薛惠锋，张文宇，寇晓东．智能数据挖掘技术．西北工业大学出版社（ISBN7-1891-5/TP432），2005.

8. 薛惠锋，吴慧欣，解丹蕊．OpegGL 图形程序开发实务．西北工业大学出版社

（ISBN7-5612-1939-37/TP458），2005.

9. 薛惠锋，复杂性人工生命方法导论. 国防工业出版社（ISBN7-118-04868-2/N9），2007.

10. 薛惠锋，张骏. 现代系统工程导论. 国防工业出版社（ISBN7-118-04399-0/N7），2006.

11. 薛惠锋. 城市系统工程探索（第二版）. 国防工业出版社（ISBN978-7-118-05074-5），2007.

12. 薛惠锋，陶建格，卢亚丽. 资源系统工程. 国防工业出版社（ISBN978-7-118-05064-6），2007.

13. 吴晓军，薛惠锋. 城市系统工程中的复杂性理论与应用. 西北工业大学出版社（ISBN978-5612-2222-5），2007.

14. 薛惠锋，苏锦旗. 系统工程技术. 国防工业出版社（ISBN978-7-118-05055-4），2007.

15. 薛惠锋，董会忠，宋红丽，解丹蕊. 环境系统工程. 国防工业出版社（ISBN978-7-118-05548-1），2008.

16. 薛惠锋，卢亚丽，陶建格，李继军，任军号. 管理系统工程新论. 国防工业出版社（ISBN978-7-118-06149-9），2008.

17. 薛惠锋，刑书宝，吴慧欣，苏锦旗. 信息安全系统工程. 国防工业出版社（ISBN978-7-118-06039-3）. 2008.

18. 薛惠锋，程晓冰，乔长录，陈志鹏. 水资源与水环境系统工程. 国防工业出版社（ISBN978-7-118-06143-7），2008.

19. 薛惠锋，常远. 小流域综合治理管理模式研究. 国防工业出版社（ISBN978-7-5084-6145-8）. 2008.

20. 苗治平，薛惠锋. 人生科学发展系统工程. 西北工业大学出版社，（ISBN978-7-5612-3053-4），2012.

21. 薛惠锋. 人生•社会——修身治国之系统思维. 人民出版社，2013.

获奖情况

1. 薛惠锋. 风景植被特征及其旅游潜力评价. 中国资源研究会青年协会第二届年会优秀论文，1990.

2. 薛惠锋. 风景植被特征及其旅游潜力评价理论初探. “让中国走向世界让世界了解中国”经济论文一等奖，1993.

3. 薛惠锋. 陇海铁路沿线地区（陕西部分）. 陕西省计委科技进步二等奖，1993.

4. 薛惠锋. 区域经济持续发展的资源环境协调理论初探. 第三次全国土地资源学术论文一等奖，1994.

5. 薛惠锋. 关于解决黄土高原沙漠地带工农业用水和人畜饮水问题的调查与思考. 陕西省计委科技进步二等奖，1995.

6. 薛惠锋. 陕南汉江沿岸地区国土开发整治综合规划. 陕西省计委科技进步二等奖，1995.

7. 薛惠锋. 水资源的永续供给. 第五届全国地下水科技交流会优秀论文，1995.

8. 薛惠锋. 西安古城可持续发展的空间区位研究. 陕西省计划委员会三等奖，1995.

9. 薛惠锋. 水资源对区域经济可持续发展永续支持的决策研究. 陕西省计委科技进步一等奖，1996.

10. 薛惠锋. 水资源对区域经济可持续发展永续支持的决策研究. 国家计委科技进步二等奖，1997.

11. 薛惠锋. 区域水资源承载力的初步研究. 全国资源工程学术讨论会一等优秀论文，1997.

12. 薛惠锋. 资源环境可视化决策支持系统的研究思路. 全国资源工程学术讨论会一等优秀论文，1997.

13. 薛惠锋. 国民经济预测监测和决策支持系统研究. 国家计划委员会科技进步三等奖，1997.

14. 薛惠锋. 水资源支持区域经济发展研究. 西安市科技进步三等奖，1997.

15. 薛惠锋. 区域经济持续发展的资源环境协调理论初探. 全国首届生态经济优秀论文一等奖，1997.

16. 薛惠锋. 可持续发展与自然资源永续支持初步研究. 全国资源工程学术讨论会一等优秀论文，1997.

17. 薛惠锋. 礼泉县组建西北果品批发交易市场的设想. 全国资源工程学术讨论会一等优秀论文，1997.

18. 薛惠锋. 水资源约束下的西安宏观经济发展战略研究. 西安市政府颁发的“西安发展奖”一等奖，1998.

19. 薛惠锋. 水资源可持续利用的理论与实践. 国家计划委员会科技进步三等奖，1998.

20. 薛惠锋. 水资源约束下的西安宏观经济发展战略研究. 西安市政府颁发的“西安发展奖”一等奖，1998.

21. 薛惠锋. 水资源可持续利用的理论与实践. 陕西省教委科技进步二等奖，1999.

22. 薛惠锋. 西安投资环境 DSS 研究. 国家计划委员会科技进步二等奖，2000.

23. 薛惠锋. “高新技术支持下的国民经济与社会发展中长期规划研究”项目. 1999 年度中国改革实践与社会经济形势社科优秀成果奖三等奖，2000.

24. 薛惠锋. 基于 GIS 的城市排水管网决策支持系统研究. 西安市发展研究二等奖，2003.

25. 薛惠锋. 陕西关中城市群生态化发展模式探索. 全国大中专学生“三下乡”社会实践活动优秀团队，2005.

26. 薛惠锋. 加快构建和谐西安战略模式探索. 全国大中专学生“三下乡”社会实践活动

优秀团队，2006.

27. 薛惠锋. 新世纪研究生培养理论创新与实践探索. 西北工业大学优秀教学成果一等奖，2007.

28. 薛惠锋. 西安可持续发展探索模式. 陕西省暑期社会实践优秀团队，2008.

29. 薛惠锋. 西安可持续发展探索模式. 陕西省暑期社会实践优秀个人，2008.

30. 薛惠锋. 中国水土保持生态功能补偿机制研究. 中国水土保持学会科学技术奖，2008.

31. 薛惠锋. 打造研究生六级培养模式，培养高素质综合性人才. 西北工业大学优秀教学成果一等奖，2008.

32. 薛惠锋. 基于人才系统工程的研究生多维培养创新模式. 陕西省优秀教学成果二等奖，2009.

33. 薛惠锋. 彬县循环经济试点规划方案. 陕西省环境保护科学技术三等奖，2009.

34. 薛惠锋. 陕西省大中专学生志愿者暑期文化科技卫生“三下乡”社会活动先进个人，2010.

35. 薛惠锋. 陕西省环境承载力与环境保护战略研究. 陕西省环境保护科学技术特等奖、国家环保部优秀研究单位，2010.

36. 薛惠锋. 陕西省大中专学生志愿者暑期文化科技卫生“三下乡”社会活动先进个人，2011.

钱学森精神彰显系统工程智慧

作者简介

陶家渠，男，研究员，我国著名微电子技术专家，原钱学森同志秘书，曾任国家航天部科技司副司长、中国航天科技集团公司第九研究院院长。现任中国宇航学会常务理事、中国航天科技集团公司中国航天时代电子公司科技委顾问。长期从事导弹、卫星、运载火箭、航天电子等中国航天科技工业的发展战略研究及航天预先研究和研制的组织和管理的领导工作。著有《系统工程原理与实践》《计划协调技术》，与钱学森、宋健等合著《系统工程普及讲座汇编》，合译《硅微机械传感》等著作。

专家观点

中国航天历经数十载的艰苦探索，取得了举世瞩目的伟大成就，钱学森的系统思想及他所开创的系统科学体系在这当中起到了举足轻重的作用。作为钱老曾经的秘书以及原航天九院院长，我对于中国航天的发展历程以及钱学森的系统工程思想精髓有着深刻的理解和认识。将钱老的系统思想与国家的航天战略需求结合在一起，长期致力于导弹、卫星、火箭、航天电子等中国航天发展战略研究及航天预先研究的组织管理工作。

一、系统工程的发展

系统工程既要有系统思想，又要有工程思想。中国古代人很早就有系统的思想和工程的思想。关于我国在工程领域最早的系统工程应用这个问题，不可一概而论。中国人最伟大的系统工程之一是堰，它既是一个系统，也是一项工程，在千年历史中既无可替代也无法改变。都江李冰父子的都江堰是世界最早的系统工程之一，也是系统工程历史上非常光彩、非常优秀的典范。

谈及系统工程学科的由来，国际上源于第二次世界大战的各种作战，源于运筹学的由来，以及源于管理学的开始。这些在钱学森的思想中统一为事理，即所有理事的方法和道理。在世界系统工程的学科发展史上，最早能够做系统工程前身的是通信工程，其次是雷达工程，再次是导弹工程，这些工程都有代表性的著作。之后，国际上才开始在学校设立系统工程学科的教学，以英国为最早。然而，我们不能因此就一概而论地把外国人作为系统工程思想的老祖宗。我国伟大的万里长城和庞大的铁路系统等都是系统工程的杰出代表，它们既包含系统的思想，也是一项工程。

二、系统工程的定义和内涵

就系统工程的概念而言，中西方有着不同的定义。我们不应盲目崇拜并完全认可国外的定义。我国最早由钱学森对系统工程下定义，之后一直继承并延续该定义来进行发展。钱学森对系统工程的理解源于其在国外所接触到的雷达工程（钱老的《工程控制论》中有一段就译自雷达丛书），但是中国的系统工程从概念上与西方有着很大不同。对于系统工程最简单的理解，就是组织与管理的科学技术，或者科学地组织与管理。

中国人的哲学思想的本质，是讲究用系统的观念来看问题，或者说用辩证唯物方法看问题。系统科学或者系统工程的本质实际上就是辩证唯物论在工程上的体现。因此钱学森在归纳系统工程的思想体系的时候，认为其理论基础是源自马克思和恩格斯的哲学思想，并反复强调这一点。

三、钱学森对中国航天发展的贡献

钱学森回国后，党中央和毛主席希望钱学森从事导弹研究，于是钱学森同意用自己在美国储备的技术继续发展中国导弹事业。从这方面来看，没有毛主席等一批党中央领导的大力支持，钱学森也不会有这么大的创造。因此，从历史的角度看，钱学森运用自身的技能、知识和智慧极大地促进了中国航天的发展，但如果没有毛主席、周总理和聂荣臻元帅等国家领导人对于中国航天事业的执著，如果没有他们对于发展航天的巨大决心和宏大战略，钱学森一个人也不可能把中国的科技队伍、技术人员队伍组织起来。因此可以说，中国航天的发展，源于新中国对导弹事业的执著追求，中国航天的成功是全国人民的成功，中国航天的事业也是属于全中国的事业。

中国航天在几十年发展过程中，主要围绕三个问题进行不断地探索前进，即“搞什么？不搞什么？怎么搞？”。而钱学森所做的工作也就是不断地对这三个问题进行回答。钱学森认为，不光是航天事业，中国的国民经济、社会、军事等各方面的建设也都需要回答“搞什么？不搞什么？怎么搞？”。这几个问题清楚了，社会发展则会突飞猛进，否则就会走弯路。“走对路比路走对更重要”，因此航天的系统工程发展不能完全摸着石头过河，而是要在理论和思想的指导下，通过对问题的有效实践，形成规划，减少弯路。

四、钱学森精神彰显系统工程智慧

（1）依靠群众，走群众路线

钱学森从未把自己作为一切的核心，而是认为必须集大家的智慧，吸收群众的正确意见。这是系统工程的本质方法，也是钱学森的系统工程法宝。钱学森的群众路线的方法，通过出题目、大讨论的形式实施。钱学森要求在这一过程中，大家的思想要海阔天空，不受任何拘束地畅谈。如果讨论能够形成共同意见，则分头进行实践和验证；如果没有共同意见，则就此打住，等到过一段时间有了新的想法再进行讨论。如此往复才能开拓创新。这就是钱学森早期的研讨厅方法，这不仅是一个工作方法，也是一种工作作风。要坚持这种工作传统，才是继承了钱学森思想。

（2）运用系统工程思想，充分发挥组织力量

在确定总的目标任务后，则需要配备领军人才，组织起一支骨干队伍。在党中央和毛主席的支持下，钱学森得以点名选拔一些在国内教学、生产和部队岗位上的优秀人才。一方面，对于梳理出来的关键技术和主要难题，集中最精良最优秀的队伍去攻关，而不允许所谓的“孩子老婆一起上”。另一方面，由于航天队伍很多是跨行政的领导，除了行政的领导，主要是技术的领导，这就要求建立设计师队伍，来研究跨行政的领导关系以及如何领导的问题。因此钱学森建立了一套各级技术领导和设计师队伍的责任关系。同样，设计师队伍和工厂的工艺师队伍之间也需要研究一套设计与工艺的关系。这就是组织工作，也就是系统工程中实现系统构思的技术途径，也即回答了怎么做的问题。技术途径的实施也必须依靠群众路线，听取群众意见。

对于所有骨干，钱学森几乎天天考核。学了什么？学得怎么样？在想什么问题？这是钱学森谈话主要关注的几个问题。通过对这些问题的把握，钱学森清楚地了解每一个人的专长，得以对每一个人扬长避短，调兵遣将。这也是钱学森作为组织管理领导者的重要作用。由此可见，钱学森是人才选拔和人才培养的榜样，通过发挥系统工程的优势，充分体现了组织的力量。

（3）不违反客观规律，并善于总结规律

航天历史上也曾出现过大跃进，就是因为一时的头脑发热，违反了客观规律造成的。在这种情况下，航天不断总结出了导弹、武器研制的规律和研制程序，形成了老五院的七十条（核心为研制八大程序、八大阶段）。日后，全部严格按照这样的规律和程序办事，使得航天事业能够得到突飞猛进的发展。

（4）自力更生，走中国自己的道路

在对中国地地导弹、地空导弹、海防导弹的技术路线进行研究时，老一辈航天人又遇到了问题，即走怎样的道路，怎样发展才能达到毛主席对洲际导弹的要求？当时的苏联、德国、美国在发动机、推进剂配方和控制系统等方面各有各的办法和途径，单单美国的推进剂配方就有八类之多，到底中国应该选择哪种方案，选择哪条道路成了摆在专家面前的一个大问题。在钱学森的领导下，我们没有沿着任何一个国家的道路走，而是选择了中国人自己的道路。因此，不能因为美国

研究什么课题，我们就要跟着研究什么课题，这才叫做自力更生，这才叫做走中国自己的道路。以海防导弹为例，有些苏联援助的海防导弹因为技术过时，中国并没有仿制，而是由中国人自己编写海防导弹战略路线（中国海防导弹战略路线由我编写）。中国的这些技术路线的确立，也离不开钱学森的群众路线方法。正是通过大力发动群众讨论并吸收正确意见，得到中央批准，航天人才齐心协力才走出了自己的道路，从而促进了一代导弹和火箭的发展。因此中国航天的系统工程是开辟出来的，而非现成拾来的，更不是仿制国外而来。

（5）发动国家和社会力量，带动各产业协同发展

航天事业是国家的事业，不是航天部自己的事业，更不是某几个人的事业。所以钱学森形成的不是航天系统内的国家力量，而是整个国家的航天力量以及整个中国航天事业的体系。围绕航天，我国规划并带动了包括冶金部、机械工业部、化工部、纺织部等各行业和各部门的共同发展。这是对国家技术力量的组织和对国家科技工业的组织，从而把全国有关航天的部分都带动起来。因此，航天的系统工程也不仅是航天部的系统工程，而是整个国家、社会力量组织起来的大系统工程。

五、系统工程工作的开展

系统工程工作可以从两个方面来开展。第一，从工程领域的问题出发，不能脱离实际。脱离实际虽然可以使理论研究不断深入，但最根本的还是从实践中提炼出需要用科学方法来处理的问题。完全脱离实际进行研究可能会使研究偏离路线，效果不佳。第二，对于社会科学领域的问题，在量化的同时关键是要花很大力气对事物之间复杂的联系性和关联性进行分析。然而对关联性的分析需要较长时间，不能期待一时就能解决。这就要求我们对基础工作给予理解和支持，在政策制度上有所体现。单纯的以成果和资金进行评定的功利思想不能解决问题，也不能造就人才。

在处理具体领域的问题时，要以基本的系统工程方法论为指导，同时必须结合具体工作进行实践。对于具体工作的知识也要下工夫学习，既要懂得系统工程的知识，又要懂得具体领域的相关知识，并把两者结合起来，才能做好系统工程

的相关研究。因此，在系统工程和相关领域的人才组织方面也应该相互谦让，注重群体合作。

总而言之，从定性到定量，集大众的智慧，并由核心专家提出问题并集中正确的意见。这个指导思想和方法就是钱学森处理复杂巨系统的基本方法。

专家主要著作或成果

1. 陶家渠，著．系统工程原理与实践．中国宇航出版社，2013.

2. 陶家渠，著．计划协调技术．国防工业出版社，1982.

3. 陶家渠，著．2030 年前中国国民经济总体发展战略与发展预测．中国国际战略学会安全战略研究中心，2009.

4. 埃尔文斯波克（Elwenspoek M.），维格英克（Wiegerink R.），著．陶家渠，李应选，万达，刘佑宝，沈文正，白丁，译．硅微机械传感器（Mechanical Microsensors）．中国宇航出版社，2003.

系统科学研究的核心是整体涌现性

作者简介

苗东昇，男，1937 年生，山西榆社人。1960 年毕业于北京师范大学数学系。在国防部门供职 20 年，后到中国人民大学哲学院任教 21 年。研究方向为系统科学、复杂性科学及其在人文社会领域的应用。

专家观点

一、系统科学应定位为关于整体涌现性的科学

系统科学实质上是研究整体涌现性的科学，对整体涌现性的研究也体现出系统科学的优势。科学发展有两个大方向，一个是纵向的深层次挖掘，即把整体分解成部分，揭示低层次的还原释放性。过去几百年科学的发展主要是向这个方向去挖掘的。今后应该是向另一个方向发展，即由部分到整体、由低层次到高层次，揭示高层次的整体涌现性。系统科学应该定位成关于整体涌现性的科学，研究的核心也是整体涌现性，揭示整体涌现性出现的条件、规律、机制等。

二、国内和世界范围内系统学都没有建立起来

国内或者世界范围内尚未建立起系统学，建立系统学的条件还不很成熟。系统科学主要是复杂科学的方法论，钱老给出了从定性到定量综合集成方法。他很

重视建立各种巨系统的数学模型，但是复杂巨系统的这一套公式尚不清楚。按照钱老的讲法，系统学是系统科学的基础理论，是重中之重。大家都看到了系统学的重要性，钱老看到了，贝塔朗菲、哈肯和圣塔菲也看到了，但是摸索了一段时间，都感觉现在的数学工具和方法论不成熟，所以还不能建立。目前尚未形成一个这样的基础理论框架，钱老自己也没说建立起来了，欧洲没有，美国没有。

三、国内系统科学研究的三个阶段

第一个阶段是 1978 年以前，钱老从美国带来对系统工程和运筹学的初步了解回到国内，国家把发展火箭导弹事业的科技领导权交给他。最初参加火箭导弹的科技人员大多数是国内刚刚毕业的大学生，对火箭导弹一无所知；从事组织管理的干部大多是从部队调来的，有组织管理军队的经验，没有管理科技的经验，对航天科技管理更是闻所未闻。基于中国经济和科技发展的特殊国情，依靠这样一支科研和管理队伍，钱老边学边用，按照系统工程的思想和方法组织管理中国航天科技从无到有的初创过程。在完成国家任务的同时，逐步形成了一套有中国特色的航天系统工程。以此为起点，钱老开创了创建中国系统科学的历程。

第二个阶段是 1978 年至 1987 年，起点是《系统工程——组织管理的技术》这篇文章的发表。从全面总结阐述系统工程已有成果着手，钱老带领中国系统科学界理清系统科学的体系结构，提出建立系统科学的基础科学——系统学的任务，组织力量尝试建立这门新学科。由此带动系统科学各个领域和层次的发展，形成影响到中国各个学术领域的所谓“三论热”，取得丰硕成果。

第三个阶段是 1988 年以后，起点是钱老在“系统学讨论班”1987 年底最后一次研讨会上的总结发言。他给出系统的一种完备分类，提出开放复杂巨系统这个核心概念，以及“定性和定量相结合的系统研究方法”。经过数年加工，最后形成“从定性到定量综合集成方法”的概念，奠定了复杂性科学中国学派的基本框架。

专家主要著作或成果

1. 系统科学原理. 人民大学出版社，1990.

2. 系统科学辩证法. 山东教育出版社，1995.

3. 系统科学精要. 人民大学出版社，1998.

系统科学是研究结构和功能之间关系的一门学问

作者简介

韩战钢，男，北京师范大学系统科学学院教授，副院长，系统分析与集成实验室主任。1987 年，1990 年分别在北京师范大学物理系获得学士和硕士学位。1997 年在中国科学院数学研究所计算机软件专业人工智能方向获博士学位。1997—1999 年在比利时布鲁塞尔自由大学（ULB）Solvay 研究所访问，进行复杂系统研究。2003—2005 年在美国加州大学洛杉矶分校（UCLA）访问，进行系统复杂信号网络研究。1990 年至今在北京师范大学工作。曾任计算机学会青年学术委员会（Yocsef）委员。曾主持和参加国家自然科学基金、863 项目、国家科技部“十五”“十二五”攻关项目等多项国家级科研项目。在国际和国内杂志发表多篇文章，并多次在国际会议上报告研究工作。

专家观点

一、北师大系统科学学科特色与研究领域

北师大的系统科学研究人员 30 多年来一直努力通过对社会经济、生命生态等

具体系统演化过程中关键问题的研究，揭示复杂系统具有的一般性规律，研究复杂系统宏观层次上的涌现性行为、系统性质和功能的智能控制等科学问题，擅长领域为。

1）复杂系统的涌现行为与控制优化。研究非平衡、非线性系统的基本性质与规律，并以此为基础讨论系统的优化与控制问题。

2）社会经济系统分析。将经济看作一个演化的复杂系统，可以把握经济系统的核心规律，并分析实际经济问题，为管理决策提供理论和实证依据。

3）生命生态系统暨脑与认知的自组织行为。从复杂性的角度研究大脑认知和学习过程的自组织行为，理解脑神经回路的发育形成机制，探讨学习过程中的涌现和自组织。

4）多主体系统和演化算法。自底向上的研究方法是探讨系统复杂性的重要途径。我们在多主体的模型方法、遗传（演化）算法、人工神经网络等方面展开研究，并应用到社会经济系统及其他具体系统中。

二、系统科学是研究结构和功能，及其相互关系的学问

系统科学是中国的科学技术赶超国际前沿的途径，是研究结构和功能之间关系的一门学问，进一步的，结构和功能之间的关系也是目前系统科学和其他各个领域研究的重点和难点。

三、系统科学研究人员相对具体学科研究人员具有一定优势

相对于其他具体学科，系统科学研究人员的优势所在。以 Pac—Man 的自动控制为例，系统科学研究人员在面对计算机领域的问题时，虽然在技术上可能比不过具体领域的专业人员，但是具有综合集成的系统思想去考虑问题，在网络建模、参数调节和子模块集成方面具有很大优势。所以在面对 Pac—Man 的自动控制这一样的问题时，我的研究结果取得了比计算机专业人员更好的成绩，并被 Chess Programming Wiki 收录为年度文章。

四、系统科学在中国的发展面临如下挑战

在中国当下的环境下，发展系统科学面临以下问题和挑战：1）如何让其他领域的科研人员接受系统科学的理念，体会到复杂性系统存在于每一个领域？2）目前关于系统科学到底在研究什么，系统科学的思想和方法和数学究竟有什么区别等问题还没有统一的认识，导致研究人员常常将系统科学的问题误以为是某个具体领域的问题，使系统科学得不到重视。3）目前系统科学和系统工程被过度广泛的使用，如何进行一个有效的界定？

专家主要著作或成果

主持项目

1. 01／2014-12/2017，多个体集群运动中信息共享引致对称破缺的模型与实验，国家自然科学基金，项目号: 61374165， 主持。

2. 01/2011-12/2011， 系统科学基础理论研究生暑期学校， 国家自然科学基金，项目号: J1121006， 主持。

3. 01/2011-12/2013，信息共享对群体合作的作用及人类行为实验验证，国家自然科学基金，项目号：61074116，主持。

4. 06/2009-12/2009，第十四届异质相互作用主体经济学国际会议，国家自然科学基金对外交流与合作项目，项目号：60910306018，主持。

5. 01/01/2008-12/31/2010， Agent 合作与基于朋友分布的信任模型，国家自然科学基金，项目号: 60774085，主持。

6. 01/01/2000-12/31/2003， 遗传算法收敛和收敛复杂性及在科学发现中的应用，国家自然科学基金，项目号: 60003018，主持。

7. 06/2002-06/2002， 复杂系统国际会议， 国家自然科学基金，项目号: 60216224。主持。

发表文章

1. Qianqian Li，Tao Yang，Erbo Zhao，Xing'ang Xia，Zhangang Han The Impacts of Information-Sharing Mechanisms on Spatial Market Formation Based on Agent—Based Modeling，PlosOne，March 6，2013.

2. Dong Zhou，Dan Luo，Ruqian Lu，Zhangang Han，The Use of Tail Inequalities on the Probable Computational Time of Randomized Search Heuristics，Theoretical Computer Science，436 （2012）106-117，DOI: 10. 1016/j. tcs. 2012. 01. 010.

3. Xiaocong Gan，Zhangang Han，Two general models that generate long range correlation，

Physica A: Statistical Mechanics and its Applications, Volume 391, Issue 12, 15 June 2012, Pages 3477-3483. DOI: 10. 1016/j. physa. 2012. 02. 015.

4. Jia, C. Xie, L. Gan, X. Liu, W. Han, Z. , A Trust and Reputation Model Considering Overall Peer Consulting Distribution, Systems, Man and Cybernetics, Part A: Systems and Humans, IEEE Transactions on, Vol: 42, Issue: 1, pp. 164-177. DOI: 10. 1109/TSMCA. 2011. 2162497.

5. Xiaocong Gan Yun Bao Zhangang Han, Real Time Search Method in Nondeterministic Game-Ms. Pac-Man, ICGA Journal, Vol. 34, 4, 2011, pp. 209-222.

6. Tao Yang, Qianqian Li, Xingang Xia, Erbo Zhao, Guo Liu, Zhangang Han, How Long Can You Enjoy Blackjack With 100 Chips, International Journal of Modern Physics C, Vol. 22, No. 10 , pp. 1161-1171. DOI: 10. 1142/S0129183111016804.

7. Xiaocong Gan, Dahui Wang, Zhangang Han, A growth model that generates an n-tuple Zipf law, Physica A, Vol. 390, No. 5, pp. 792-800.

8. Xiao-shan Gao, Dan-tong Ouyang, Ji-gui Sun, San-jiang Li, Tian-shun Yao, Ru-zhan Lu, Chun-yi Shi, Zhan-gang Han, Jue Wang, Cun-gen Cao, Ruqian Lu, "AI in China: A Survey, " IEEE Intelligent Systems, vol. 23, no. 6, pp. 26-32, Nov/Dec, 2008.

9. Ling Yang, Thomas M Vondriska, Zhangang Han, W Robb MacLellan, James N Weiss, Zhilin Qu, Deducing topology of protein-protein interaction networks from experimentally measured sub-networks, BMC Bioinformatics 2008, 9:301 (3 July 2008).

10. Zhangang Han, Thomas M. Vondriska, Ling Yang, W. Robb MacLellan, JamesN. Weiss, Zhilin Qu, Signal transduction network motifs and biological memory, Journal of Theoretical Biology, 2007.

11. Ling Yang; Zhangang Han; Robb MacLellan; James N Weiss; Zhilin Qu, Linking Cell Division to Cell Growth in a Spatiotemporal Model of The Cell Cycle, Journal of Theoretical Biology, 2006 Jul 7;241 (1) :120-33.

12. Zhangang Han, Ling Yang, W. Robb MacLellan, James N. Weiss and Zhilin Qu, Hysteresis and Cell Cycle Transitions: How Crucial is it? Biophysical Journal Vol. 88, March 2005, 1626-1634.

13. Ling Yang, W. Robb MacLellan, Zhangang Han, James N. Weiss and Zhilin Qu, Multisite Phosphorylation and Network Dynamics of Cyclin-Dependent Kinase Signalling in the Eukaryotic Cell Cycle, Biophysical Journal Vol. 86.

用系统工程的思想解释和发展社会科学

作者简介

景天魁，男，中国社会科学院学部委员、社会政法学部副主任，社会学研究所研究员，博士生导师。1943 年 4 月 8 日生于山东蓬莱，1967 年 8 月毕业于北京大学哲学系，1981 年和 1987 年先后在中国社会科学院研究生院获得硕士、博士学位。1992 年评为研究员，1995—2006 年先后担任社会学所副所长、党委书记、所长，1996 年评为国家级有突出贡献中青年专家。1998—2005 年任中国社会学会副会长，2001—2005 年任国际社会学会（IIS）副会长。为第十、十一届全国政协委员。2006 年当选中国社会科学院学部委员。

专家观点

一、与系统院的渊源

由于工作关系，我与系统院渊源很深，主要有四方面的合作与交流。

1）80 年代初，宋健和于景元等写了一本《人口控制论》，当时我在中国社会科学院做在职博士研究生，在做科学方法论方向的研究，研究自然科学与社会科学怎么结合的问题，看了这本书很受启发，就在《光明日报》上发表了一篇名为《自然科学和社会相结合的实现形式》的书评。

2）自从钱老从 1986 年开始在七一〇所举办“系统研讨班”开始，我几乎从头到尾参加了讨论。钱老当时想把老三论和新三论统统结合起来，用一个体系来解释，钱老就叫它系统学。这些思想对我考虑自然科学与社会科学相结合的方法论的问题也非常有意义。

3）受到钱老思想的启发，我与系统院的科研人员一起搞科研项目。因为钱老多次提到社会科学分层次的问题，我从科学自然基金申请到一个课题，从社会科学思想中体现钱老的思想。与系统院的于景元、王崑声、周正、王陵、欧阳奕孺等人一起花了两年时间，写了《现代社会科学基础》一书，主要应用了钱老定性与定量相结合的系统分析方法。第二本书想写社会主义形式方面的问题，但由于人员变动，没有完成。后又与系统院的王崑声、欧阳奕孺、王陵等人完成了中国社会科学院的《社会科学方法大系》的“一般方法”部分。

4）80 年代中国社会经济系统分析研究会在系统院有青年社会系统专业委员会，我也是参与人员，与系统院的同志一起学习钱老的定性定量结合的系统分析方法，来继承、丰富和发展钱老的思想，完成钱老未竟的事业。

二、社会系统工程发展现状

社会科学领域在钱老的推动下一度有过系统论，社会科学研究院也做过一些自然科学与社会科学结合的研究。比如在宋健同志主持的断代工程中就非常具体的应用了系统工程的观点，集合了非常多的学科的专家。现在自然科学与社会科学相结合思想已经深入到各个领域、各个学科，例如社会学、人口学、考古学、语言学、心理学、历史学等。

在钱老的影响下，国家虽然没有成立总体设计部，但成立了国务院发展研究中心、发改委等部门，这些部门也起到了从总体出发，从系统出发来思考的作用。

今后，系统院发展也要继承钱老的思想，中国的航天事业也不是一个部门，一个集团的事业，应该争取多部门、多方面的配合合作，建立系统优势，才能把一件事业做好。

专家主要著作或成果

1. 打开社会奥秘的钥匙—历史唯物主义逻辑结构初探，1981.
2. 社会认识的结构和悖论，1990.
3. 社会发展的时空结构，2002.
4. 底线公平：和谐社会的基础，2009.
5. 底线公平福利模式，2013.
6. 福利社会学，2010.
7. 发展社会学概论，2011.
8. 时空社会学：理论和方法，2012.

略谈钱学森的系统思想

作者简介

张宏显，男，教授。曾历任航天工业部计划司规划处处长、航空航天部综合计划司总工程师、航天工业总公司科研生产部副部长、航天科技集团总公司载人航天办公室主任等职。曾在航天部计划司主管规划和型号立项工作，调至科研生产部门主管运载、卫星和对外发射服务，载人航天工程立项后主管载人运载火箭和载人飞船研制和科技管理工作。1999 年神舟一号试验飞船发射试验成功，荣获全国五一劳动奖章。

专家观点

一、《建立我国国防航空工业意见书》

这是钱学森回国不久应周总理的要求，于 1956 年春节花了 5 天时间，2 月 16 日年初六上交的《意见书》。这里面蕴含了钱学森在建立老五院时的系统思想，确立了导弹研制以技术研究院为主的体制。《意见书》开宗明义，提出导弹研究院“除了制造工厂之外，还应该有一个强大的为设计而服务的研究及实验单位。自然，这几个部门应该有一个统一领导的机构，作全面规划及安排的工作。”其次，《意见书》对党的方针政策、国内科学技术、工业基础和人才状况进行了分析，在此基础上提出建立航天事业的建议。《意见书》第一次系统地提出了发展我国火箭和导弹技术的重要意见。《意见书》提出了各类研究所、生产工厂和具体的著名科学家，发展计划一直规划到 1967 年需要的技术人员的人数。

钱学森回国不到半年，就能提出如此精当的意见，可见钱学森系统思想根底之深厚。要想独立自主、自主创新，没有系统思想是不可能实现的。我国航天和航空一开始就走的完全不同的路子。半个世纪航天、航空实践的结果，是不言而喻，有目共睹的。

当然航空有航空的难处：载人、重复使用，可靠性安全性要求高，还可以从先进国家买得进来，乘客又有选择乘坐何种机型的自由等等原因。但是，以工厂为主的体制机制，也制约了自主创新，其结果至今还没有一架我国自主设计的国产大型客机在我国领空飞行。

二、东风二号第一次飞行试验失败后的经验教训

东风二号导弹是我国第一个从仿制转到自行设计的型号。第一次飞行试验失败之后，钱学森主持了的故障分析，他不是就事论事单纯地进行故障分析，而是深入分析失败内在的原因。如果单纯的故障分析，很简单，一是把导弹作为刚体来设计，实际上弹体加长了是弹性体，二是发动机加大了推力强度不够，这两点改了就行。但是他没有这么做，而是从失败的教训中进一步分析：在工程技术方面，还没有掌握自行设计的规律，对导弹工程系统的复杂性认识不足；在总体和分系统综合设计上、各分系统之间的技术协调和接口匹配上考虑不周，没有意识到即使每个局部都符合要求，集成后仍有可能出问题；有些必要的地面试验没有做，或做得不够充分；对产品质量检查缺乏科学的标准；在科研管理方面，没有建立技术责任制，缺乏严格的研制程序和工作制度；在思想作风方面，急于求成，缺乏科学态度，对基础工作特别是地面试验重视不够，对可能遇到的问题和困难估计不足，对产品存在的缺陷和隐患没有采取有力措施坚决加以消除。

这份报告远远超出了技术故障的分析，饱含着深层次的反思和检讨，其中提到的许多管理理念，对我国航天事业的发展有着极为重要的作用和影响，成为航天系统工程管理的宝贵经验。结合这次故障分析，还修改了正在制订的《国防部第五研究院暂行条例（草案)》。

《条例》分为总则、型号研制与设计工作、研究工作、试制工作、试验工作、科学技术队伍、技术责任制与科技委员会、组织计划与条件保证、政治工作、党的组织与工作等10部分，共70条。它系统地总结了五院建院以来的工作经验，集中地体现了当时航天科技工程科学管理的成果，使五院的各项工作进一步走向正规化、科学化，被誉为导弹研究院科学工作的根本大法。

《条例》中很多规定，如将工程项目的研制阶段分为方案阶段、初样阶段、试样阶段（或称正样阶段）、试制试验阶段和定型阶段等五个阶段，每个阶段转向下一阶段，都必须经过评审、鉴定、批准，方能向下进行的规定；对产品设计技术文件的编制、批准手续和产品试制、试验与鉴定程序的规定；研制方与靶场试验方，谁为一岗、谁为二岗，相互之间的交接和责任的规定等，至今仍在坚持，成为航天系统工程管理的宝典。

《条例》鲜明地体现了钱学森航天系统工程管理的思想，它的核心内容有三项：

一是建立健全两条指挥线；二是建立总体设计部，科学地确定各级总体方案、严格控制技术状态、确保系统优化和整体优化；三是建立科研生产计划协调管理系统。

三、创建技术创新体制——型号研究院

我国航天系统的组织管理体制最初是按照苏联的专业研究院模式设计的。1957年11月9日，国防部五院成立一分院和二分院，在苏联援助的设计任务书中（当时有8102、8103、8108、8109四大工程）明确规定，一分院的基本任务是各类导弹的总体设计和弹体、发动机的研制；二分院主要负责控制系统的研制和生产。1961年9月1日，国防部五院又成立三分院，以区域管理的模式，主要负责大型地面试验的设施建设和试验，如跨声速、高声速、超声速的风洞，大型液体发动机试车台，低温技术研究室和液氢生产厂的建设及其试验。

这样按专业设置的组织结构看起来分工明确、有利于各专业的发展，但在实际工作中却十分不方便，比如，将各类导弹的总体、弹体结构、动力装置、环境试验、材料与工艺等集中在一个研究院内，将控制系统、控制元件与设备、陀螺

仪与自动驾驶仪、计算机、雷达等设在另一个研究院内，进行地面试验又要跑到另一个研究院去，在多型号并举的态势下，每个型号的研制都要横跨两三个行政单位，指挥渠道迂回，协调关系复杂，工作效率低下。对型号研制，特别是多型号研制，协调起来非常困难。

体制机构与任务相适应，方能事半功倍。针对这种状况，根据钱学森的建议，1963 年 9 月 14 日，五院党委常委会议做出了各研究院从专业研究院向型号研究设计院转型的决定。会议明确规定，一分院集中力量研制地对地导弹和运载火箭，二分院集中力量研制地对空导弹，后来又确定三分院集中力量研制海防导弹。1964 年 4 月 4 日，以固体火箭发动机研究所为主体组建四分院，作为固体导弹的总体院。

这样，国防部五院组建完成了四个型号分院：弹道式地地导弹研究设计院、地空导弹研究设计院、海防导弹研究设计院和固体导弹研究设计院。每个分院主要负责一类型号的总体、分系统的研究设计、试验和试制，自成体系。型号研究院的建成，保证了两条指挥线运行畅通，大大加快了导弹研制的步伐，为迅速进入“两弹一星”的攻关，打下了坚实的组织基础。

1965 年 1 月 1 日，国防部五院改为七机部。根据研制工作的需要，钱学森协助王秉璋，从系统工程的角度，提出了组织机构的一整套想法，即：型号院——总体设计部—系统专业所—试制工厂序列，同时设立一系列独立于型号院的基础应用研究所。比如，各院带“7”字头的研究所都是适用于全航天系统的基础应用研究所，701 所为空气动力研究所，702 所为环境试验研究所，703 所为材料应用研究所，704、705、706 等等、707 所为情报信息研究所，708 所为标准化研究所。无论这些专业研究所地处哪个院的所在地，它们都是服务于全系统的部管直属所，为各型号服务，实行部和所在地研究院双重领导。

七机部还对各院属研究所进行了调整，如一院的一部、11 所、12 所、13 所等，二院的二部、20 所、21 所、23 所等，三院的三部、31 所、32 所、33 所等，四院、上海也进行了相应的调整。这些研究所主要面向本院，为本院的型号配套服务，研究所的专业配置基本上能满足各型号研制的需要，而部、所的代号都是相应的，“1”代表发动机、“2”代表控制、“3”代表精密仪器等等。

这一系列的调整都是按照钱学森的系统思想来进行的。建立了创新型的体制，为航天技术的发展、取得举世瞩目的成就从体制机制上得到了保证。

四、“八年四弹”规划

“八年四弹”规划，是中国航天事业发展历程中第一个研制目标明确、发展阶段清晰、时间跨度较长，最终得以全面完成的长远规划，指明了中国第一代导弹的发展方向。“八年四弹”指的是从1965年至1972年的8年中，我国要研制中近程、中程、中远程和洲际共 4 种型号的地地导弹。特别是东风五号导弹研制成功，它是目前我国长征系列所有运载火箭的基本型，可见“八年四弹”规划影响之深远。

后来仿照着钱学森的型号研制规划系统思想，提出了“三抓”、“一箭三星”、“两抓一突破”（抓应用卫星、抓卫星应用、突破载人航天）、载人航天工程、探月工程等等，无一不是遵循了钱学森主持制定的“八年四弹”规划思想制定的后续的型号研制规划。

载人航天第二步圆满完成，进一步证明了钱学森系统思想的重要性和正确性。我们曾以胡世祥、张庆伟名义，2004年4月12日在人民日报理论（第9版）发表了《中国载人航天工程——成功实践系统工程的典范》的文章，系统总结了在载人航天工程中，我们是怎样应用的钱学森的系统工程思想的。概括为：

1）科学、严密的决策体系；

2）以专项管理为核心的组织体系；

3）以总体设计为龙头的技术体系；

4）综合统筹的计划体系；

5）系统规范的质量体系；

6）坚持创新、创造、创业的人才资源体系。

从上面四个实例，我们不难体会到钱学森的系统思想。张宏显研究员参加了《钱学森和中国航天》课题组编写出版的《钱学森的航天岁月》，比较详细记叙了钱学森的一生和他的系统思想。接下来，我们将进一步对钱学森的系统思想进行学习和研究，发展系统工程理论方法，为新时期中国航天事业和社会经济发展提供科学指导。

专家主要著作或成果

1. 组织编写航天工业部“七五”规划.
2. 组织编写国家《中长期科学技术发展纲要（1990-2000-2020）》航天卷.
3. 参加编写《钱学森与中国航天丛书·钱学森的航天岁月》.

系统工程理论与思想在社会经济领域中的实践

作者简介

邹平，江西吉安人，曾任全国人大常委会科教文卫委会副处长、副研究员，国务院研究室处长、副司长。现任中国人寿保险公司发展研究部总经理。长期从事社会保险、科技、教育、人口和卫生等方面的理论和政策研究，出版有《中国人口法学》、《人口浅论》、《人类、发展、抉择》、《社会与发展—中国职工医疗保健制度改革》、《农村合作医疗保健制度研究》、《21世纪呼唤少年英才》等专著。

专家观点

一、系统工程在计划生育政策制定上的应用

20 世纪 80 年代《人口控制论》出版之后，我参与了计划生育政策的制定的决策支持工作。比照系统工程理论在航天型号上的应用，创建性地将人口问题作为一个大系统，应用系统科学的思想对其进行预测，促进制定控制人口增长的最佳政策。按照国家的要求即 20 世纪末我国人口将要控制在 12 亿以内，决定使用系统工程的方法进行测算。航天七一〇所也受邀参与数据的处理与政策的制定，专家于景元使用定性与定量相结合的方法，成功地将系统工程的理论与方法应用于

社会系统中，并取得巨大成功，直接推动了“一对夫妻只生一个孩”这一计划生育政策制定与实施。用系统科学的思想指导工作，用系统工程的方法分析问题，使得当时我们研究问题的能力有明显的提升。系统科学的思想不要仅仅应用于航天系统，要推广应用到社会系统的各个层面。

二、系统工程在中学生奥数政策上的应用

1991 年我进入国务院研究室工作，推进中学生奥林匹克数学活动的研究工作，著有《21 世纪呼唤少年英才》，并请钱老作序。该研究旨在培养人才，培育英才。在系统科学的思想指导下，研究室相关人员搜集大量数据，采用系统论的方法并请航天七一〇所做数据处理与分析。系统科学是科学决策的重要支撑，其提供的定性与定量相结合的方法，直接影响并支撑重大决策的制定。

三、系统工程在科教兴农政策制定上的应用

我目前在社会系统经济分析研究会工作，支撑科教兴农政策的制定与推广工作。在湖南、山东、黑龙江等 12 个省、市、县做试点，教育部门、科技部门、农业部门分别开展培训班，目的旨在振兴农业，但是造成了大量资源的浪费。国家决定联合农业部、国家科委对该问题进行专题研究。航天七一〇所作为重大决策的支撑单位，再一次参与了科教兴农的决策支持工作。航天七一〇所的相关专家们采用定量分析的方法，使用计算机组处理海量数据，得出科学的结论及预测，即三个部门联合办培训班，投入产出比为 1:8.8，农业总产值增速是 5.6%；分开办学，投入产出比为 1:3.2，总产值增速为 3.5%。科学的结论使得国家领导人全部赞成并支持走农、科、教结合之路，并在 1992 年发布相关文件（国务院 12 号文件）。这再一次说明系统工程为我国的国策产生重大而深远的影响。

四、系统工程在艾滋病防治与研究上的应用

艾滋病对经济社会的影响不仅仅局限于卫生领域，其治疗费用较之正常病人高 30 余倍。艾滋病的防治影响着我国经济、文化、治安等一系列相关的领域，可

以说是一个复杂的大系统。我们请航天七一〇所做测算工作，并设计了高、中、低三档外推模型，预测未来艾滋病病例情况。根据当时的情况，我国只有14例艾滋病人，截止2000年，国家公布的艾滋病例为2.25万例。低档模型预测艾滋病人在 8000～19000 人，根据隐性艾滋病人感染原则将预测模型病例数目扩大三至五倍，完全在航天七一〇所的预测范围之内，可见当时采用定性与定量相结合的方式预测是准确的。该实例再一次说明，将复杂的社会问题视作复杂系统，采用系统工程的思想与方法进行研究，是当代处理复杂问题的重要途径和手段，也说明系统工程还有巨大的发展空间，这对系统院在新社会形势下的发展也提出的更高的要求。

五、系统工程在应对人口老龄化战略研究上的应用

2009 年我采用系统科学的思想进行应对人口老龄化的战略研究工作。采用系统分析的数学方法针对养老保险、资金测算等方面进行研究，提出信托方式养老方式。虽然在当时由于种种阻力没有推广实行，但是现今信托养老这一问题再次成为热点。这说明采用系统工程的思想指导解决实际问题，不但方式独到而且还具有前瞻性。

六、系统科学与工程未来发展的新方向

在2013年，我开始采用系统科学思想、系统论的方法进行开发性金融的研究工作。对于系统工程思想，我认为钱老不可以被神化。系统科学的思想是尖端的，是学术上的法宝，同时也离我们的生活和工作实际很近。我们后代人应大力推广系统科学的方法，要提高系统工程的方法在重大决策上的应用，并扩大其影响。

系统科学的思想重点在于思想，不可以简单地理解成数字处理或建模。要学会采用系统的观点、联系的观点理解系统科学的思想，采用系统科学的思想指导实际工作，善于将各种专题问题置放于社会经济大系统中进行研究，这样才能总结历史，预测未来。采用系统科学的思想引领国家顶层政策方针的设计与制定已经被越来越多的人所接受，但是在实际问题的处理上，我们也应清楚的看清目前的状况。第一，社会系统大资料的处理缺乏专业人员；第二，缺乏

可预测未来的模型。这就为未来系统科学方法的发展提出新方向，为我们系统科学人提出新要求。

将系统工程作为一门学科来发展，既要注重模型的学术化、深奥化，也要大众化，切忌脱离实际，要做到深入浅出。不要把系统科学方法推到宝塔尖上，要善于将系统科学的方法与社会经济紧密结合，要“接地气”。系统院未来的发展模式有两个，第一就是要采用社团的形式引领各个领域的权威研究问题；第二就是采取课题委托的方式。航天内部项目要独立承担，其他领域要学会引领与合作。中国航天系统科学与工程研究院作为钱老系统科学思想的继承者，要坚持继承和弘扬钱老的伟大思想，并将系统工程论从航天领域推广到社会生产的各个领域中。

展开数字信息翅膀 让运输与物流飞翔

作者简介

王喜富，男，博士，教授。现任北京交通大学物流工程系主任，中国社会经济系统工程学会常务理事，中国交通运输系统工程学会常务理事，《交通运输系统工程与信息》杂志编委，《物流技术》杂志指导委员会委员等。从事物流工程、系统工程、交通运输规划与管理等领域的教学与科研工作。多项研究成果获国家级科技进步二等奖1项，省部级科技进步奖10项。

专家观点

一、集各家之大成，推进“数字交通”系统工程建设

铁路运输作为轨道运输的代表，管理和调度都需花费较多的人力和时间，而且还存在信息滞后、数据失真及决策不明等现象，无法满足高速发展的国民经济对铁路运输的需求。王喜富教授运用系统思维，全面考虑铁路运输信息化的组成，建立了囊括生产、安全、办公、设备管理以及车、机、工、电、辆等诸多方面的多个管理系统，并采用系统工程方法进行系统集成。在充分利用计算机管理最新技术的基础上，综合应用管理工程、系统工程和计算机多学科的理论和方法，解决了计算机在铁路运输应用中的效率及效益问题，取得了较大的经济效益及社会效益，为铁路运输系统自动化及智能化提供了多种新的手段和方法。

二、完善物流平台，优化物流产业

物流是指利用现代信息技术和设备，将物品从供应地向接收地准确的、及时的、安全的、保质保量的、门到门的合理化服务模式和先进的服务流程。物流领域有多种运输方式，如铁路、公路、水利和航空，这使物流运输具有综合运输特色，协同优化和协同联动显得十分重要。物流工程的系统管理，需要系统工程的思想、理论、技术和方法，从物流系统整体出发，把物流和信息看作一个系统，包括生产、流通和消费全过程，运用系统思维进行物流系统的规划、整理和控制，选择最优方案。实现以最低的物流费用、最高的物流效率和最好的顾客服务达到提高社会、企业经济效益的综合性组织管理活动。王喜富在《信息技术与我国物流系统发展现状》一文中指出："现代物流，不仅是指原材料、产品等从生产到消费的过程实物流动，还包括伴随这一过程的信息流动。而且，现代物流应用计算机网络和信息技术，将原本分离的商流、物流、信息流和采购、运输、仓储、代理配送等环节紧密联系起来，形成了一条完整的供应链"、"它着重于整个流通的商品运动，以企业整体最优为目的，是一种以信息为中心，实需对应型的商品供应体系，是对商品运动的系统化管理"。

中国物流业快速起步发展，市场前景十分广阔。然而，由于我国中小物流企业的信息化程度较低、现有物流信息系统标准较混乱，使得我国物流信息资源不能全面融合共享，为企业和客户提供基础信息和公共服务的平台发展缓慢。目前在我国现代物流领域存在信息资源分割独立、信息孤岛大量存在、资源获取与可用性差、信息交换及共享困难的状况，通过《现代物流公共信息平台及集成技术的研究与开发》的课题研究，我运用系统工程方法，将信息资源的分类、收集、组织、描述、管理、维护、分析、显示、客户化服务等关键技术进行全面统筹和规划，构建了面向现代物流的资源管理系统，提高了基础信息资源管理的社会性、集约性、协同性和有效性，支持现代物流业务的高效运营与优化。

三、促建物联网，物流新助力

物联网为运输行业发展提供了新的机遇，目前 RFID 及传感网已在运输领域有一些应用，但其理论和技术基础还不是很成熟。以系统工程为基础，将物联网技术与现代物流技术有机地结合，形成基于物联网的物流信息技术体系，有效地提高了物流作业效率和管理水平，带来了物流产业一次全新的技术变革。2015—2020年是物联网导入期，随着传感技术、移动计算技术和无线传感技术的发展，物流业务将实现全球化管理，信息平台开放式互通，初步实现物体互联；2020—2025年是物联网成长期，伴随声、光、机、电和纳米技术的发展，物联网将实现物流作业系统与环境的半智能化；2025 年以后，物联网将进入发展期，逐步实现远端控制和感知的智能化，智慧物流运作体系将逐渐形成。

专家主要著作或成果

1. 王喜富. 物联网与现代物. 电子工业出版社，2012.

2. 王喜富. 物联网与物流信息化. 电子工业出版社，2011.

3. 王喜富，黄广诚，祖华刚. 专用铁路运输管理：淮北矿区专用铁路管理模式与创新. 北京交通大学出版社，2010.

4. 王喜富. 专用铁路开采沉陷运输技术. 北京交通大学出版社，2004.

5. 王喜富. 煤矸石及其在矿区铁路建设中的应用. 煤炭工业出版社，2003.

6. 王喜富. 矿区铁路运输. 中国矿业大学出版社，2000.

7. 王喜富，关伟，任远，等. 专用铁路道岔群下开采沉陷预计与治理专家系统. 中国专利，北京交通大学， 2006.

8. 矿区车站下采煤期间的铁路线安全治理方法. 中国专利，北京交通大学，200.

9. 济北矿区铁路远程集中控制系统建设研究. 山东省煤炭工业科技进步二等奖，2010.

10. 铁路直达集结成本与压缩物流中转时间的联合优化技术. 中国物流与采购联合会科技进步一等奖，2011.

11. 编组计划、大编组站作业分工和中远程直达的联合优化技术. 中国铁道学会科学技术一等奖，2011.

12. 矿区铁路智能运输数字化体系设计与应用研究. 中国煤炭工业协会科学技术奖二等奖，2012.

13. 矿区铁路智能安全运输信息系统. 中国煤炭工业协会科学技术奖三等奖，2012.

14. 现代物流物联网关键技术及应用研究. 中国物流与采购联合会科技进步二等奖，2012.

用系统理论推动中国交通运输业发展

作者简介

张国伍，男，1929 年 8 月生，河北雄县人。1952 年毕业于北方交通大学运输工程系，1956 年中国人民大学计划统计系研究生班毕业。现为北京交通大学教授、博士生导师，上海交通大学、西南交通大学、大连交通大学的兼职教授，中国系统工程学会交通运输专业委员会副理事长兼秘书长，《交通运输系统工程与信息》杂志名誉主编，北交大智能交通系统研究中心主任。系统工程学科带头人。多年从事综合运输、交通运输布局等领域的理论与实践工作。率先提出了将系统科学与交通运输相结合的思想，并创立了交通运输系统工程学科。先后主持了国家、部、市级十几项重要研究项目，发表论文 80 余篇。1991 年获国家有突出贡献专家并享受政府津贴，曾长期担任海南省、深圳市交通顾问，2004 年起一直担任北京市政府专家顾问、北京市交通委专家。

专家观点

一、交通运输系统工程的思想启蒙和开创背景

1978 年以前，交通运输学科存在长期以来理论性不强的重要不足。后来为了

讲授列车牵引的计算并对计算程序进行编程，我开始学习计算机，并在这时接触到了系统科学。考虑到交通运输也是一个大系统，运用系统分析的理论与方法对其研究可以弥补交通运输学的不足，便在70年代末期萌生了将系统科学和交通运输相结合的想法。然而，这一想法却未能得到运输界的认可，他们认为交通运输就是交通运输，已经成为一门学科，不需要和系统工程进行结合。但是我坚持认为，交通运输具有网络性，各部分组织很严密，应该是一个系统，用系统的思想来解决交通问题是可行的。于是我找到了时任七机部二院副院长的宋健，与他交流自己的想法，宋健听后十分支持。通过和宋健的交流，我认识了七一〇所于景元并找到了钱学森，将运输和系统相结合的构思汇报后得到了钱老的充分肯定和大力支持。于是我拜钱老为师，决心从事交通运输系统工程方面的研究，并开始参加系统工程学会。

1979年，从美国麻省理工学院Marvin L.　Manheim教授的《运输系统分析》一书受到启发，了解了解释交通运输系统的一些原理，找到了交通运输系统工程研究的理论依据，并认识到系统科学理论可以作为研究交通运输的基本理论。于是，我又提出进行交通运输系统分析新学科、新理论的研究与开发。

二、交通运输系统工程的艰苦实践

在钱老的启发和七一〇所（中国系统科学与工程研究院前身）宋健教授的帮助下，通过系统科学与运输科学的交叉与融合，我于1978年创建了交通运输系统工程学科，这是一门实践性很强的学科。虽然得到了钱老的支持，但是学校对于这样的想法并没有给予重视和支持。我决定走出校园，带着自己的学生开始在校外的舞台实现自己的想法。为了让更多的人了解和支持交通运输系统分析理论，我们给铁道部、交通部当时的领导以及各地港口、铁路局、航运局讲学，宣传和推广自己的学术观点和理论价值，希望得到相关领导的认可。结果喜忧参半，铁道部由于担心其理论不能很好地转化为生产力而没有接受，交通部领导则支持，随即我获邀到交通部进行研究和实践。

1979年，由于条件艰苦，我当时去各地讲学一般只带三个皮包，一个装课题材料，一个装讲课资料，最后一个装生活用品，因此广州《羊城晚报》记者给了我一个称呼，叫“皮包教授”。又因为经常在港口讲课与科研，所以上海《文汇报》又叫我“跑码头教授”。

同年，受时任海南行政区主任的雷宇同志邀请，我成为海南城乡规划顾问。当时海南只是广东省的一个行政区，基础设施一片空白，我运用系统科学理论来研究海南的交通，提出以港口为中心，规划海南全岛的交通运输系统的理念，得到了海南区领导的认可，也得到了广东省领导的认可。时任广东副省长、深圳市委书记兼市长的梁湘同志邀请我到深圳，于是我又做了深圳的顾问。1982 年，我和学生一起到深圳做深圳城市交通和港口布局规划。研究成果得到了深圳市领导的重视。深圳市政府特别为此拍摄了一部 70 分钟的科研电视片，专门介绍如何按照系统科学原理对深圳市各港口分工进行规划，并回答了一些人关于交通究竟是不是系统的疑问。

时值改革开放初期，由于管理体制上不完整，管理过程上不协调，造成运输环节上出现诸多问题，全国的港口压船压货，铁路压车问题十分突出。为了解决这些问题，1981 年，万里副总理召集了包括我在内的全国 50 位交通领域的专家和地方领导，共同乘坐“专列”走遍全国，进行了有名的“疏港（口）疏路（铁路）工程”，这是改革开放后第一次全国交通的“畅通工程”。在 40 天的时间里，我们走访了宁波港、连云港、大连港等众多全国重要交通枢纽，而系统分析和规划方法后来对这些港口的生存和发展做出了重要贡献。废弃量从 80%降到 20%，以及节省了 4 个亿的投资。这些使得交通运输系统工程最终得到了国家科委和国务院的重视。

在外完成了众多项目之后，交通运输系统工程的理论逐渐成形，加之得到了当时北京交通大学新任校长张树京的重视和支持，学校于 1986 年 10 月成立了交通系统工程研究所，由张校长兼任所长，我任副所长。

三、交通运输系统工程学科建设的不断推进

考虑到光有实践是不够的，必须得有理论，有学科的支持，我在 1991 年出版了《交通运输系统分析》一书，这是国内第一本关于交通运输系统分析的教科书，得到了社会承认。同年，北京交通大学向国务院申请学位点，交通系统工程的硕

士点比较顺利地申请下来了，但是博士点很难申请。当时包括上海交大和西安交大等高校，已经有11个系统工程博士点了，新增交通运输系统工程博士点没有规划指标。由于铁道部领导和一批系统工程学专家、学者十分支持，最终以“国家确实需要，水平确实很高”为由予以特批，于1996年成功建立博士点。到目前，北京交通大学交通运输系统工程学科已经形成了硕士点、博士点、博士后工作站的人才培养体系，铁道部也把交通系统工程作为重点学科。

为了创建学术组织，推动学科发展，在交通系统工程研究所成立之后，我同张树京校长于1986年9月又发起成立了交通运输系统工程学会，在中国系统工程学会下面成立二级分会，全称中国系统工程学会交通运输专业委员会，至今已20余年的历史。为了搭建学科的学术交流平台，《交通运输系统工程与信息》杂志2000年正式创办，并得到了学术界的承认。该杂志于2004年被评为国家科技核心期刊，2007年杂志英文版已被EI检索。为寻找解决交通问题的有效解决方法，我在与王庆云、石定寰、赵文芝、于景元、段里仁、宁滨等人商议后提出了“交通七人行”，即以“7+1”作为论坛品牌成立了“交通7+1论坛”。从2005年10月开始，论坛每三个月召开一次，讨论范围包括难点问题、困扰问题、理论问题、重大工程问题、学科问题、培养综合交通人才问题等，主题涵盖城市交通规划、建设与综合管理的复杂系统分析，交通复杂系统研究方法创新与应用——综合集成研究厅与人工交通系统，交通运输领域的学科建设和人才培养，系统工程与城市交通，城市交通可持续发展，交通需求管理等等。除了7个核心专家之外，每次结合论坛主题还会邀请相关的政府专家型官员、学术界、研究院所和交通运输企业中的交通运输系统专家，还邀请了美国、英国、西班牙等国交通领域的专家参加讨论，用系统科学理论来提高对交通问题的认识，推动交通运输的发展。论坛的发展现已进入规范化、国际化的轨道，规模越来越大，参加人数由最初30多人增加到近百人，在学界和业界的影响与日俱增，为推进中国交通运输业发展做出了巨大贡献。

四、我国交通运输业的问题和发展

从“一五”开始，交通一直都是规划和建设的重点，然而到目前为止还是薄弱环节，究其原因，还是应该从系统的角度来看，我国交通运输目前还主要存在如下问题：

1）系统不协调。用交通系统工程理论来检视交通系统，发现各子系统不配套，各种交通运输方式存在着无序竞争。没有从综合交通线网方面来建设，没有进行系统整体的考虑，各部门都从自己的角度而不是从综合运输整体的角度出发进行规划和建设，重复建设现象很严重，造成巨大的资源浪费。

2）交通运输系统理论指导不够。对于今天，资金和技术已不是问题，主要还是理论上不成熟。没有理论的指导，只靠乱修路和买车是不成的。

3）人才培养和学科建设不足。目前综合交通运输行业人才缺口很大，学铁路的只搞铁路，学公路的只搞公路，学民航的只搞民航，真正的综合运输人才缺乏。学科建设也是一个问题，交通系统工程涉及铁公水航，必须进行各种运输方式的结合，但是与综合运输也有区别。另外国家对于航天、军事等系统抓的力度大，但是对交通系统重视不够。这也是导致问题的重要原因之一。

交通运输业的长远发展要靠系统工程指导下的综合运输来实现。各种运输方式和各运输部门的分割会极大地影响发展。应该成立综合交通管理机构，实现交通、铁路的融合，成立大交通委、大交通部。目前，大部制改革已经实施，铁道部也得以政企分离，然而要实现真正的综合运输不光要做到名义上的合并，更重要的是进一步实现实质上的改变，强化运输系统，整合交通资源，实现资源的合理利用，做到人尽其才，物尽其力。

专家主要著作或成果

1. 交通运输系统分析. 西南交通大学出版社，1991.
2. 张国伍，主编. 交通运输系统动力学. 西南交通大学出版社，1993.
3. 杨吾扬，张国伍，等，著. 交通运输地理学. 商务印书馆，1986.
4. 提高鹰厦外福线输送能力研究. 铁道部科技成果二等奖、国家科技进步三等奖，1986.
5. 海南岛以港口为中心的交通运输网络组合优化方案. 海南科技进步一等奖，北京市社科政策二等奖，1986.
6. 北京城市交通综合体系发展战略研究. 北京市科技进步一等奖，1990.

法治系统工程——法律工作的组织管理技术

作者简介

杨建广，法学博士、社会系统工程专家组（EGSSE）成员、中山大学法学院教授、中山大学国家级法学实验教学示范中心主任，北京实现者社会系统工程研究院院务委员、首席法治系统工程专家。

专家观点

一、法治系统工程的发展历程

在中国法治发展史上，20世纪70年代末、80年代初是一个重要时期。在经历了文化大革命对法制和法治的践踏和抛弃后，一些重要的基本法律、法规相继出台，法律秩序逐步建立。与此相适应的是，法学研究也逐步开展起来。但是，随着法治领域的扩大和法学研究的深入，原来以线性思维、分割研究为特征的单一的和机械的研究方法已经不适应法学研究。立法和司法实践中，长期存在的法律、法规及法条间的冲突问题也迫切需要引入新的技术手段来解决。此时，钱学森教授1979年11月10日发表在《光明日报》的《大力发展系统工程，尽早建立系统科学的体系》的文章内容吸引了法学界的目光。钱老在文章中说："在现代这样一个高度组织起来的社会里，复杂的系统几乎是无所不在的，任何一种社会活动都会形成一个系统，这个系统的组织建立、有效运转就成为一项系统工程”。接着，他创造性地指出：“社会主义法治要一系列法律、法规、条例，从国家宪法直到部门的规定，集总成为一个法治的体系、严密的科学体系，这也是系统工程，法治系统工程；它的特有基础学科是法学。从我国目前实现四个现代化所迫切需要解决的问题来看……关系到加强社会主义法制，其重要性是很明显的。”这是钱老在中国首次提出法治系统工程的概念并将其纳入了系统科学的体系中。系统科学第一次叩击了中国法学的大门。它向法学界传递了法学应科学化、现代化的信息，它在丰富法学研究方法的同时也拓宽了法学研究的领域。

在钱学森教授的影响和推动下，中山大学法律学系吴世宦教授获得启发，于1981年11月在《科技管理研究》上发表了《建立我国法治系统工程学的浅议》一文。同年，北京大学李克强在《潜科学》杂志上也发表了《关于法治系统控制过程的探讨》，这是至今为止发现的两篇最早专门论述如何用法治系统工程理论和技术推进依法治国的文章。随后，中山大学法律学系罗辉汉老师连续在《法学杂志》上发表了《关于开展法治系统工程研究的刍议》和《略论法治系统工程的特点和方法》两篇论文。

1982年，中山大学成立了以吴世宦教授为会长，由教师、研究生、本科生共同组成的中国第一家法治系统工程研究组织——中山大学金字塔学社法治系统工程研究会，我有幸作为该组织的学生负责人协助吴世宦教授开展了一系列法治系统工程理论探索与应用实践。例如：以广州电机厂为对象，运用法治系统工程方法开展“依法治厂系统工程”的试点活动就是由我组织的。也正是基于这一情况，中山大学法律系成为我国法治系统工程的最早发源地之一。

1984年，钱老与吴世宦教授合作在司法部机关刊物《法制建设》上发表了《社会主义法制和法治与现代科学技术》这一在法治系统工程领域具有奠基性意义的论文。随后，为了推动全国法治系统工程的理论研究和社会实践的深入开展，钱老提议并委托吴世宦教授发起组织一次全国性学术会议。我作为中山大学方面的会议筹备负责人开展了相关工作。经过一年多的准备，由中国政法大学和中山大学共同主办，司法部、中国法学会、中国系统工程学会联合支持的“全国首届法制系统科学讨论会”于1985年4月在北京召开。钱老在开幕式上发表了题为《现代科学技术与法学研究和法制建设》的重要讲话。会议就法制系统理论、法治系统工程、社会治安综合治理系统工程、法制信息系统等主题展开了讨论，吴世宦教授、罗辉汉教授等部分学术成果收录于会后出版的论文集《法制系统科学研究》。

这次会议对于法治系统工程具有里程碑的意义，它标志着法治系统工程的探索已在全国展开。之后，又陆续出版了吴世宦教授等一大批学者撰写的《论法治系统工程》、《法治系统工程学》专著和一系列论文，如罗辉汉的《法治系统工程及其研究途径》，常远的《审判决策最优化探讨》，吴世宦、程信和的《建立中国式的经济法系统工程》，杨荣新的《论民事程序法系统工程》等等。这些研究成果促进了80年代中国法学研究的繁荣。

进入20世纪90年代后，在钱老等人提出适用于复杂巨系统（包括法治系统）的“从定性到定量综合集成方法”的同时，法学界出现了用系统科学的方法来改造应用法学的倾向。辛明的《社会治安系统工程》，何秉松的《犯罪构成系统论》，熊继宁的《差异、变化与耦合》，龙宗智的《相对合理主义》以及我与骆梅芬合著的《法治系统工程》等一批专著，便是运用系统方法于刑法学、立法学、行政法学、刑事诉讼法学等领域所取得的成果。从所发表的学术论文的情况来看，对有关问题的研究（如运用系统方法对犯罪构成理论进行的研究）更为具体和深入。

二、法治系统工程的内涵

法治系统工程是运用系统工程对法治系统及其环境分析研究，择优制定和实施法律，以维护社会整体最大利益和局部合理利益的思想方法和组织管理技术。

作为一种思想方法，法治系统工程已根植于中国的部分法学研究人员和法律实务工作者的思想深处，而作为一种依法治国的组织管理技术，法治系统工程正日益广泛地融入中国的法治实践。法治系统工程最基本的特点是：

1）法治系统工程是一种思想方法和组织管理技术，而不是法治系统本身。法治系统往往是法治系统工程的作用对象（对象系统）。法治与法制也不同。从系统科学的角度来观察，法制是一国或一地区法律制度的整个系统。该系统从整体上来看只是一种社会控制工具和社会运行机制，一般不包括法律实践活动。法治则是指一个国家或地区已存在的法制是建立在民主政治的基础上的，且这一法制已被社会公认是应毫无例外地服从，并已获得普遍地服从的这样一种动态的系统。

因此，法治系统可以理解为是法制系统的动态过程，是包括法制系统在内的开放的复杂巨系统。它的子系统如立法系统、执法系统、司法系统、守法系统、法律监督系统等等，不仅种类众多并有层次结构，而且子系统之间的关联关系也很复杂。因此，人们对法治系统的认识和建构，尤其是在“依法治国，建设社会主义法治国家”的过程中，有必要借助法治系统工程的“从定性到定量的综合集成法”等专门解决复杂巨系统问题的方法和技术，从较低的层次入手，然后逐渐进入到较高的层次，在不断加深对“社会主义法治国家”的结构和功能的理解、认识的同时，进行全面、系统、分阶段地构建。

2）法治系统工程的研究和作用的对象，不仅包括法治系统本身，而且还包括其所处的系统环境。我们这里所说的系统环境（环境系统），是指存在于系统周围与系统有关的各种因素的集合，如社会系统、自然系统、思维系统、国际系统等。这些因素的属性、状态及其变化都会对法治系统产生影响。就我国的法治系统而言，其系统环境主要包括四方面的因素。

① 社会因素。它包括社会主义市场经济的发育状况、社会需求的多样化程度、党和国家的各项政策、社会关系的复杂化程度，等等。

② 自然因素。它包括各种资源的制约、生态平衡和协调的有关因素、环境污染的产生和预防，等等。

③ 思维因素。它包括个人以及集体的思维规律、人工智能的进展情况、人类抽象思维和形象思维的状况，等等。

④ 国际因素。它包括国家与国家之间的协调程度、国际法及国际上的主要法律思潮、国际政治斗争的现实需要，等等。因此，在实施“健全社会主义法制，依法治国，建设社会主义法治国家”这一宏大的社会系统工程的过程中，一定要把法治系统和其所处的系统环境当作一个整体来精心设计和精心构建。

3）法治系统工程能指导我们在从事法律事务时统揽全局，妥善地处理局整关系。与其他解决问题的方法相比，它更强调对系统的各个不同的部分在保留其互相联系的基础上进行同时分析研究，常常是更符合实际的角度发现并解决问题。它有可能从根本上避免在人们对法治系统这一复杂巨系统的认识水平和知识仅够进行相当表面的分析的时候，选择出来进行分析的部分并不是该系统中最重要的部分或并不能反映该系统的整体功能等问题及由此产生的后果。正是由于“社会主义法治国家”的结构与功能及其建设过程相当复杂和变化迅速，而我们的思维方式因受时代、文化、立场和个人知识结构等的局限而往往不自觉地呈现出孤立或片面考虑问题的状态，才有必要运用法治系统工程来择优制定法律，系统地实施法律。

三、法治系统工程实践案例

吴世宦教授作为法学界积极响应钱学森先生提议的第一人，曾在1992年春向广东省省委提出“在全国率先推行‘以法治省’的建议”， 建议书共提出11条建议，就是吴世宦教授提出运用法治系统工程的原理和技术在广东率先开展以法治省实验。广东省委于1996年8月作出“关于进一步加强依法治省工作的决定”，同年，省人大也作出了配套决议。广东省委1996年所作出的依法治省决定的内容，又将依法治省看成是一项社会系统工程来推进，不少提法都吸收了钱老和吴世宦教授等人的建议。

吴世宦教授的建议书由谢飞书记批示办理后，极大地推动了广东以致全国的依法治理工作，具体表现有三。

1）促使广东深入开展依法治理活动，其中深圳市1993年作为依法治市试点。

2）根据吴世宦教授的建议，广东省委于1996年8月作出“关于进一步加强依法治省工作的决定”，决定中带有建议书的痕迹。如决议第七条就首先指出“依法治省是一项社会系统工程，各行各业要……推动行业依法管理。”

3）在1996年广东省人大常委会作出“关于在依法治省工作中充分发挥地方各级人大常委会作用的决议”中，留下了一些建议书的内容，如决议提到“依法治省是广大人民群众的共同心愿，是一项综合性的社会系统工程……”。

从以上三方面，我们可以得出广东省的依法治省工作，即法治系统工程的实践是走在全国前列的。此外，广东省委的决议，可以说是1997年党中央在十五大上作出依法治国方略的先导。江泽民同志于1997年12月25日在全国政法工作会议上进一步指出：“实行依法治国，建设社会主义法治国家，是一项复杂的社会系统工程，在立法、执法、司法和普法教育等方面都有大量的工作要做，需要付出艰苦的努力”。

四、法治系统工程与“建设社会主义法治国家”之间的关系

法治系统工程应该作为“健全社会主义法制，依法治国，建设社会主义法治国家”的基本途径。

前面提到的江泽民同志讲话内容是告诫我们这项工作的复杂性和艰巨性，应该用系统工程的方法和技术来解决。显然，这与钱学森早在1980年就精辟地界定的法治系统工程的内涵极其接近。当时他说：我们的法制要健全，就不能有漏洞、有矛盾，要能适应国际法律；要在成千上万件法的庞大体系中做到这一点是一项不简单的事，可能要引用现代科学技术中的数理逻辑和计算技术；而这还不是全部社会主义法治的工作，因为上面说的还只是健全法制，再加上法律的实施如侦查、检察、审判等工作，才构成全部法治；建设全部社会主义法治的工作是改造我们社会的极其重大的任务，称之为法治系统工程。

中共十八大报告中提出“科学立法、严格执法、公正司法、全民守法”这一新的十六字方针，表明了我国社会主义法治建设进入新阶段。根据法治系统工程的思想，“社会主义法治国家”不可能是某一个静止的终极状态。在最初阶段，它应该是一个能够持续发挥和有效维护这十六字方针特定功能的动态系统。值得特别强调的是，今天有的同志仍习惯用“有法可依，有法必依，执法必严，违法必究”来概括“依法治国，建设社会主义法治国家”的内容，这显然是不够全面的。客观地说，这只是较好地反映了我国改革开放初期“健全法制”的内容，而上述“科学立法、严格执法、公正司法、全民守法”的提法则更准确地概括了“依法治国，建设社会主义法治国家”的核心内容和整体目标。它是明确、具体且可追求的。

“科学立法”就要求我们运用系统工程的方法和技术，如“从定性到定量的综合集成技术”、“霍尔三维结构”和“切克兰德方法论”，对一切与立法有关的因素，如立法系统的要素、立法环境、立法系统的结构、立法程序、立法技术进行

系统分析和系统综合。我们这里所说的系统分析，就是通过研究立法者的意图，明确存在的问题，确定立法目标，开发可行方案，建立系统模型，进行定性与定量相结合的分析，全面评价和优化可行方案的过程，而我们这里所说的系统综合，就是通过系统分析得到的各种要素与要素之间，要素与系统之间，系统与环境之间的联系特性，在总的立法目标的支配下，重新把各要素组织成新的系统整体的过程。显然，系统综合与系统分析是互相配合，互为因果，协调统一的。这一工作方式有可能优质高效地完成《社会主义市场经济法律体系总体框架设计方案》、《中华人民共和国法律法规编撰》等的设计、研制和开发。

"严格执法"是指执法人员已普遍形成"有法必依，执法必严，违法必究"的信念和习惯。它不仅应具有激励执法人员严格执法的机制，而且还应具有促进法律监督人员这一类特殊的执法人员依法严格履行监督职责的机制。

"公正司法"是指司法机关不仅在法律上，而且在实际中都已真正做到了司法独立的同时，还实现了司法人员的权、责、利的统一协调，最终在法治系统中形成了行政机关服从司法机关，司法活动只服从法律，不受任何非法干涉的健全机制。

"全民守法"不仅包括公民已普遍形成守法的习惯，而且还包括相当一部分公民已经牢固树立"法律神圣不可侵犯"的信念，并随时会为践行法律而挺身而出。这一功能的实现途径和表现形式是多种多样的，如社会存在着在"建设社会主义法治国家"这一整体目标支配下的健全的批评教育机制、舆论曝光机制以及保障见义勇为，鼓励检举揭发的机制，等等。总之，这一功能反映出该社会的法治文化、公民的法治意识已达到相当高的水平。

上述四个方面的目标和功能是互相联系，互相依存的，任何一方面的过大或过小都不利于法治系统整体功能的最大限度发挥。系统工程的上述工作过程，有可能使立法与司法、法治对象与法治主体科学定位，有可能使公正、效率原则自始至终得到贯彻，有可能使法治资源得以合理配置，以维护一个外部整体功能最优，内部结构严谨、部门齐全、体例科学、关系和谐的法治系统的长期存在和正常运行。

基于以上认识和社会系统工程的理论与实践在我国取得的伟大成就，我们不仅应当将法治系统工程作为“健全社会主义法制，依法治国，建设社会主义法治国家”的基本技术，而且还有必要把法治系统工程作用于我国的法治实践的过程看成是“建设社会主义法治国家”的重要途径。

杨教授作为广东省人大常委会首届立法顾问、广东省地方立法研究会副会长，1993 年以来曾先后主持起草了《广东省经纪人管理条例》、《广东省预防未成年人犯罪条例》、《广东省未成年人保护条例》、《广州市未成年人保护规定》等多部广东省地方性法规，也是深受法治系统工程的影响。运用法治系统工程技术进行立法一直是法治系统工程的重要组成部分，我们将其称为立法系统工程。早在 1993 年，我与黄建武、骆梅芬受广东省人大常委会的委托进行《广东省经纪人管理条例》立法工作正是运用法治系统工程方法完成的。这部法规开创了我国委托非官方人士起草法案的先河，我们同担任起草顾问的吴世宦教授、程信和教授都是法治系统工程的早期探索者或支持者。正是因为运用了系统方法，该条例创造了起草经费共 1 万元，从立项到通过仅用半年（人大常委会一次审议顺利通过）且至今仍正常运行的良好效果。

在此基础上，我们经过总结探讨提出了学者主持、人大职能部门指导、利益相关方全程参与的“学者主持下的多元主体起草法案的立法系统工程”模式。我作为中国预防青少年犯罪研究会理事、广东省青少年犯罪研究会副会长，受委托主持并完成了几部与未成年人相关的地方立法，上面提到的立法模式在团省委、广东省综治委预防办主持下，不断探索并完善，《广东省预防未成年人犯罪条例》立法系统工程项目、《广东省未成年人保护条例》立法系统工程项目以及其后完成的《广州市未成年人保护规定》立法系统工程项目的反复成功，也不断验证了我们提出并实践的这一立法系统工程模式的科学性和有效性。

五、法治系统工程原理在地方立法中的应用

以《广东省预防未成年人犯罪条例》为例。该项目的实施完全是在立法系统工程框架下，自觉地遵循立法系统工程的思想方法和工作步骤，运用立法系统工程的技术开展的。立法项目组根据立法系统工程的原理，反复强调该《条例》不是一部孤立的广东法规，而是全人类预防未成年人犯罪的法律体系中的一个有机

组成部分，其上位法首先是《联合国儿童权利宣言》，这是我国早已加入的国际公约，所有国内法（包括地方性法规）都要与之相协调。其次，与《条例》有直接联系的上位法有《宪法》、《预防法》和《未保法》，第三，《条例》不得与其抵触的国务院行政法规有《互联网上网服务营业场所管理条例》等。第四，《条例》必须与现行的《广东省青少年保护条例》等协调。这些定位为《条例》的顺利出台并得以顺利实施奠定了坚实的基础。

该成果的主体内容是《广东省预防未成年人犯罪条例（草案）》。该草案分为总则、教育、预防、矫治、法律责任、附则六章，共 73 条。基本内容为：1）预防未成年人犯罪工作的教育、预防、矫治相结合原则、综合治理原则；2）未成年人犯罪工作的参与主体及各自的职责；3）教育、预防、矫治的具体规定；4）违反本条例规定的法律责任。该草案虽然基本与《预防法》的体例保持一致。但却根据广东省预防未成年人犯罪工作特点和实践，着重突出了教育、预防、矫治三方面的内容。并最终在《条例》中创设了教育、预防与矫治相结合的预防未成年人犯罪的新原则。此外，条例草案强调了预防未成年人犯罪应实行综合治理的原则，并试规定了预防未成年人犯罪工作协调机构的性质、组成和职责，以形成一个各司其职、各负其责、齐抓共管、协调配合、上下联动的预防未成年人犯罪的工作机制。这些均是基于法治系统工程原理指导下形成的地方立法内容。

同样，正是因为有立法系统工程的技术支持，该项目创造了未成年人全程参与法案起草的多元主体起草法案的成功模式，成为立法系统工程的创新亮点之一是面向社会公开招募该项立法调整的核心利益相关方，11 名未成年人作为立法系统工程项目组正式成员，让他们直接参与法规的制订工作。为鼓励立法系统工程项目组未成年成员积极参与社会治理，并表示对他们的尊重，组织实施《广东省预防未成年人犯罪条例（草案)》立法系统工程项目的共青团广东省委员会和广东省社会治安综合治理委员会预防青少年违法犯罪工作领导小组办公室，向《广东省预防未成年人犯罪条例（草案)》立法系统工程项目组全体未成年成员颁发了正式《聘书》。在《广东省预防未成年人犯罪条例（草案)》立法系统工程项目实施期间，项目组未成年成员与成年成员和谐相处、共同合作，极大地发挥了自身的主动性、积极性、创造性。《广东省预防未成年人犯罪条例》立法系统工程作为中国首起未成年人参与立法的创新举措，也引起了社会和媒体的广泛关注。2006年11月，该条例取得广东省人大常委会到会委员全票通过的良好效果。

六、法治系统工程技术在中山大学法学实验教学中心工作中的应用

1）中山大学法学实验教学中心本身就是在系统工程思想指导下整合全校资源建成的。我们在打造中山大学法学实验教学中心这一品牌之初，就是在法治系统工程思想指导下，将中心看作为一个系统，以“立足本地，全球视野，求真务实，扬长避短”为建设思路，首先确立了“应用型、复合式、融通性、国际化”的高素质创新人才为实验中心的人才培养目标，努力将实验教学置于与理论教学同等重要的位置，同时加强司法伦理教育、综合技能养成，根据法学专业作为应用型文科专业的学科实际，不断整合校内法学院与法医学系等院系的实验教学资源，构筑了开放式的法学实验教学系统框架，搭建了促进法学、医学、计算机技术等相关学科在教与学的过程中相互渗透和融合的实验平台。

2）先进的硬件设施和良好的人员配备是法学实验教学中心系统的必备要素。丰富的现代教学设备为中心建设奠定了物质基础，除了传统的模拟法庭与模拟仲裁庭的设备外，还增设了一批较为先进的教学设备，例如远程实时审判现场实验教学系统、模拟远程质证系统、双轨实验教学系统、多媒体实验教学录播系统等。中心的实验教学队伍已形成包括多位博士生导师、教授和专职的实验技术人员以及司法实务专家组成的兼职教师的强大团队。除此之外，中心还注重加强实验队伍建设，为中心建设提供人才保障。实验中心管理实行主任负责制。中心主任负责主持中心的全面工作，根据教管、管用适度分离的原则，做好每个实验室工作人员的定编定岗规划。而实验室工作人员的具体岗位职责， 则按照国家对不同专业技术人员职责的有关条例规定及实施细则具体确定。学校和学院在教师业绩考核条例的制订上，已制定了向实验教学队伍倾斜的政策。大力推行多位教师同上一门课和一位教师可根据需要聘请多位研究生担任助教的制度，积极鼓励引进具有硕士以上学位的毕业生充实实验室技术人员队伍，鼓励和支持具有实验教学能力的教授和副教授等高水平教师在一线从事实验教学。形成了以分阶推进式、情

景模拟及实务训练实验教学法，培养具有优秀思辨能力、法律运用能力和灵活应变能力的复合型、应用性、创新型法律人才的机制。

3）法学实验教学中心系统经过多年的建设，系统功能不断增强，基本实现了预设的系统目标，形成了鲜明的法学实验教学特色：以科学、创新的实验教学理念，培养杰出的法律人才；以社会化的教学模式，打造一流的法学实验教学平台；以国际化的培养视野，提升学生参与国际法律事务的竞争力。

综上所述，中山大学就法学教学科研队伍、学生成绩就个体而言在全国法学院校远不如北大、人大、吉大、武大等，但通过实践法治系统工程，中山大学能够拥有“国家级法学实验教学示范中心”品牌，能够打造出“国际刑事法院模拟法庭竞赛的冠军队伍”(中山大学学生获2013年国际刑事法院模拟法庭竞赛冠军)，充分体现了法治系统工程的一个最基本的原理：法治系统结构决定法治系统功能。

七、法治系统工程发展中存在的问题

法治系统工程作为一种法学研究方法和推动法治的思路已在法律理论界和实务界占有一席之位，但其普及性仍不够。事实上，由于法学理论工作者好实务工作者知识结构的先天不足，且与系统工程理论与实践工作者地结合在整体上仍不够紧密，加之全国性的法治系统工程的专业组织未能正常活动等原因，尽管陆续出版了《论法治系统工程》、《法治系统工程学》、《法治系统工程》、《跨世纪的法治系统工程》、《系统法学导论》等专著和一批论文，讨论了一些基本原理，如法治系统的整体性原理、有序性原理、协调性原理等，但法治系统工程自身的理论基础和基本框架尚未充分成熟，这成为了法治系统工程发展的短板，需要更多有识之士的积极加盟，更需要各位同仁的通力协作。

系统工程的内涵及信息系统工程的应用

作者简介

方美琪，女，中国人民大学信息学院教授，博士生导师，原经济科学实验室副主任，中国信息经济学会秘书长兼副理事长，中国系统工程学会信息系统工程专业委员会副秘书长，知名电子商务专家。在电子商务教学科研方面获得多项国家级、部级和国际奖项。长期以来一直对复杂系统科学前沿、互联网新技术和信息革命带来的新经济抱有浓厚的研究兴趣。

专家观点

进入21世纪以来，信息技术产业的迅速发展以及信息化、网络化大背景的形成，使得系统工程的理论、方法得到了长足发展，尤其是在复杂系统领域的研究。另一方面，在社会经济领域，信息革命和网络新技术的诞生也使得信息系统变得更加复杂，越来越需要用系统的方法对其进行研究。

一、系统工程的内涵和精髓

系统工程已经是一个被广泛接受的概念，但不同的人对系统工程的理解也不尽相同。方美琪教授认为，根据钱学森的定义，系统工程的内涵应该是运用系统科学的理念，运用科学的、工程的方法和技术，对于某一个具体领域的实际工作进行有效的组织和管理，以便有计划地、有步骤地、达到预期的目标和效果。

系统科学和系统工程的内容包括三个层次：

1）关于系统（特别是复杂系统）的基本概念和规律；

2）人类认识、理解、描述、设计、管理和控制复杂系统的技术与一般方法；

3）系统科学与工程的一般方法在各个领域中的具体应用，例如信息系统工程、交通系统工程、航天系统工程、金融系统工程、农业系统工程等等。

系统科学与系统工程的基本理念包括两个方面：系统观念和工程方法。前者包括：系统的整体性、动态性、多样性等，特别是近年来特别强调的复杂性。后者包括：信息和数据的规范化（如文档、图纸）、工作内容和时间的定量化、工作程序的程序化等。 前者体现了人类在生产与社会活动中得到的对于系统，特别是复杂系统的规律的理解和认识。后者表达了人们在生产活动中形成的，保证工作成功和有效进行的经验。这就是系统工程的核心理念。

换个角度，如果不是从严格的学术定义来看，也可以认为系统工程的基础是系统科学，系统思想。直觉上，系统科学要研究系统，系统是由组成它的元素所组成。研究元素之间的关系是系统科学的任务。由于元素之间的关系使系统出现新的质，这是系统的本质。作为横断科学，系统科学是研究质的科学。同样是横断科学的数学则是研究量的科学，在数学中即使是研究关系也是用量来研究的。同时，现实的系统往往元素众多，关系复杂，所以系统科学特别需要研究复杂系统。

探索科学，形成思想，指导工程实践，而科学的源头活水又是来自工程实践的，如此循环往复，不断深化我们对事物的认识。

近百年来，尤其是近几十年，近十几年，经济社会发展越来越快，工程越来越巨大。人们在分工合作，甚至在交换、博弈中，也往往必须把几方看作一个整体，共同完成一个事业。这也可以称为工程，如“全国信息技术应用培训教育工程”“金融工程”“电子商务工程”等等。巨大的工程需要人去实现，为使这些工程成功，系统工程的概念和方法需要有进一步的发展。因此，今天的系统工程越来越强调社会人文的因素。

考虑到以上这些，系统工程的内涵和精髓可以粗略地概括为以下几点：

众多组成要素之间的关系令系统发生质变，新产生的质是系统工程管理的要点。为了使系统工程能够成功和顺利，发现、利用或引导这些新生的质是十分关键的。质变的出现常常是由反馈，特别是正反馈引起的。

系统工程中人文因素是另一个关键。人都有利益诉求，正确激励，合理安排，就能够使工程成功；放纵贪欲就会使工程失败。

信息技术是系统工程的重要工具。用计算机程序可以描绘各个元素的静态结构（数据结构），行动法则（动态过程）等。加上某些时间调度程序，如等时步进、事件步进或其他调度程序，计算机程序的运行可以模拟系统的变动，观察新质的产生。

信息技术提供了模块、嵌套等手段，这是系统工程积木式特点的绝好描述，同时计算机程序还可以很方便地表达随机、反馈等等。

近年兴起的数据挖掘以及大数据处理，更使信息技术成为系统工程的极好帮手。

二、系统科学和复杂性理论在社会、经济等领域应用的典型案例

系统科学和复杂性理论在信息系统工程、农业系统工程、航天系统工程、交通系统工程领域有许多成功案例。

国外在历史上有曼哈顿计划、阿波罗登月等著名成功案例。我国今年神舟十号飞船上天的系统工程也显然是成功的典型案例。另外，在美国公共电视网上有Earth From Space（从太空看地球）的电视片（http://video.pbs.org/video/2334144059）。该片讲述了在地球的上空，有120多个国家的卫星所组成的网络， 通过收集大量的信息，并进行合并、计算、建立数学模型，以多种方式向我们展示了许多过去未曾见过的景象，例如正确的气象预告，亚马逊上肥沃的环境是如何从撒哈拉沙漠来的，地球地质的变迁，生命的变化等等。

卫星上的各种传感器，收集了整个电磁波谱，从远红外线（infrared）、红外线到可见光，再到紫外线以及高频射线和极高频射线（X-ray，Gamma-ray）的数据。不同的卫星用不同的传感器，收集不同频段的电磁波。红外线反映热度，有些电磁波反映海水内部的情况，例如海水结冰，盐就析出、下沉，形成海水中的盐瀑

布。下沉盐又融化在海水中，形成高浓度盐海水。这些高浓度盐海水形成洋流在海里环流，还有的卫星可以用雷达检测到海底海床的地形以及高度等等。我们收看天气预报时看到的很多图，就是通过这些计算机模型画出来的，如等温线图、雨量图、云图、飓风的形成图。

电视片的故事是从太阳照射海水讲起，蒸汽形成云、雨。如果太阳照射量大，海面超过关键的 80℉（约 27℃），水蒸发量非线性加大，上升快，夹带大量的能量，从而形成了飓风，十分有趣。电视片还讲了为什么极地很冷，而南极比北极更冷，地震、火山对地球、生命的影响等。

这些都是系统科学和复杂理论在社会、经济等领域应用的典型案例，也是信息系统工程的典型案例。

三、信息系统工程近年来的发展情况和主要研究成果

信息系统是典型的复杂系统。狭义的信息系统是指社会与经济领域的信息系统，即由设备、人员、管理和运营规则构成的，贯穿信息的采集、传递、存储、处理、展示等环节的，实现特定的社会经济功能的人机结合的各种系统。广义的信息系统还包括了自然界的信息系统，例如生物体内的神经系统。一般来说，信息系统工程是对于狭义的信息系统而言的。

作为系统工程的一个重要分支，30 多年来信息系统工程已经取得了巨大的成功和长足的发展。

就世界范围来说，最成功的信息系统有四类：现代电信系统（特别是手机和互联网的迅速发展）、现代金融信息系统、地理信息系统（即全球定位系统 GPS）、现代气象信息系统。

就中国来说：从“三金”工程到“十二金”工程，其实都是不同层次、不同功能的某种信息系统。从某种程度上讲，小到超市中的收款机和条形码系统、公交车的卡片管理系统、医院的挂号系统，大到国家经济的管理与测算，都是信息系统。它们的建设和管理就是信息系统工程的实践。

正因为信息系统工程已经成为当今社会不可或缺的重要内容，其 30 年多年来得到了非常迅速的发展和普及。同时，信息系统工程技术也已经趋向成熟，相应

的标准和教科书已经出版，大学也已经开设了信息系统工程课程甚至建立相应专业。

目前，企业管理离不开计算机的管理信息系统；大家出门、旅行离不开地理信息系统；做商品买卖、电子商务、网络银行，离不开网络信息系统。几乎所有的人都对近年的网络、移动通讯以及电子商务的应用和发展有着深刻的印象，这些都是信息系统工程近年来的发展的事例，不胜枚举。在这个社会经济发展的大系统工程中，每个人都可以贡献自己的力量。我的硕士生导师陈余年教授和江昭教授在70年代末、80年代初，就很有远见地认为计算机模拟是未来信息系统工程的好工具。但当时，从事计算机模拟的人不多，两位教授就不断鼓励我对计算机进行学习和研究。我也在此基础上完成了自己的硕士论文——矿井生产的计算机模拟。后来在陈老师江老师的教导下，我一直从事于计算机模拟的教学和科研工作。毕业后，我从美国进口并首次推广了带有 DANYMO 的 HP 计算机。她又近一步学习使用了 GPSS 和 SMSCRIPT，并从 Santa Fe Institute 研究所学习了 SWARM，推广了 REPAST，从 MIT 学了 starlogo。之后，出版了《计算机模拟》，《复杂系统建模与仿真》两本教科书，自主开发了中文版 DYNAMO，并带领自己的硕士生完成了四个比较大型的电子商务教学模拟环境软件。计算机模拟是信息系统工程的好工具，需要有人学习、工作。

四、系统工程的发展趋势及其在社会、经济等领域的推广和应用

系统工程主要的发展趋势有两方面：一方面是强调复杂性（克服简单化、绝对化的传统思维方式）；另一方面强调人的因素（对人的行为和心理的研究）。

在推广应用上的工作，也应该强调两点：一是注重基本理论的研究和探索；二是注重人才的培养。由于我们目前对于社会和经济系统复杂性的认识还远远不够，从金融危机和种种紧迫的社会问题中，可以感到人类常常把经济和社会理解的过于简单。为了经济和社会的健康发展，就必须摒弃传统的思维方式。因此要注重基本理论的研究和探索。又由于系统工程的思想和理念需要全社会认识和实施，而不限于技术人员之中，所以需要让所有的社会成员都接受和认识复杂系统

的理念，而不是用现代信息技术去按传统思维模式行事（好比用赶牛车的思维方式去驾驶现代的汽车）。因此要注重人才的培养。

未来很多工程会越做越大，参与的人员也越来越多，涉及方面十分广泛。因此信息技术的支持非常重要。云技术、移动技术、物联网技术、大数据分析都值得注意。它们是系统工程未来的发展的强有力工具。在经济研究中用到的系统科学的基本观点是：承认多主体、多因素、多视角的理念；注重演化过程的理念；深化层次的理念；强调主体活力的理念和关于不确定性的理念等。

运用这些观点，我们正着重从以下几方面进行思考：价值理论，分工和专业化，信息的作用，金融和虚拟经济等。同时还在研究如何改变传统的经济理念和评价指标。从系统科学的角度来说，这是系统科学的理念在一个领域中的应用；从经济科学的角度来说，这是对于经济学现状的反思，对于经济科学发展方向的思考。

五、系统工程的发展回顾

在 20 世纪 30 年代，贝塔朗菲举起复兴系统科学的旗帜的时候，关于系统和复杂性的理念还是比较笼统的。40 年代，维纳提出了控制论，引入了信息和控制的概念，香农给出了定量的度量方法，他们的奠基性的工作充实和深化了系统的概念。这种理念上的进步使得系统的理念得以实施，带来了系统工程的应用高潮。从曼哈顿计划到阿波罗登月，以至中国的“两弹一星”的成功，都是这种理念的实施和验证。这个阶段的重点是工程组织管理的领域，所谓的复杂系统主要是大型的、复杂的机器及其设计制造的过程。到了 70 年代，人们的注意力扩展到了更大、更复杂的系统，例如激光等。这些系统不但规模巨大、元素众多，而且行为规律也不同于机器和工程项目，例如自组织现象等。于是科学家们把统计物理、热力学的一些思想与方法运用到了对于系统行为的研究之中。这就产生了耗散结构理论、协同学等新的学科。在这里，系统和复杂性的概念得到了进一步的充实和深化，特别是自组织、涨落等概念的引入，使人类对于确定性和不确定性的辩证关系的认识、对于个体行为和整体现象的内在联系的认识，又上了一个台阶。到了 90 年代，美国学者霍兰进一步提出了“复杂适应系统理论”（CAS 理论），把注意力转到由“活的主体”组成的系统，明确地指出，在这样的系统中，“个体的适应性行为导致了整体的复杂性”，从而把适应、学习等概念提高到了演化机制的关键地位。所有这些进步，都是指向同一个方向：重视复杂性，开拓新视野。显然，就是在系统科学本身的范围内，对于复杂性的理解也是在不断地深化和发展。

我们认为可以从以下六个方面去解释复杂性的由来。

1）逻辑的复杂性，即“非此即彼”的、绝对化的二分法与客观现实的冲突造成的复杂性；

2）质的复杂性和多样性，即由于质的差别和多样性造成的复杂性；

3）视角的复杂性和多样性，即由于视角的多维性质造成的复杂性；

4）层次带来的复杂性，即由于层次之间的质的差别造成的复杂性；

5）时间轴上的复杂性，即由于时间和演化的作用造成的复杂性；

6）与信息相关的复杂性，即对于信息的作用、主体和客体的交互作用造成的复杂性。

专家主要著作或成果

1. 方美琪. 计算机模拟. 中国人民大学出版社，1989.

2. 方美琪. 电子商务概论. 清华大学出版，1999 第一版，2003 第二版，2013 第三版.

3. 方美琪. 网络营销. 清华大学出版，2003 第一版，2013 第二版.

4. 方美琪. 电子商务与传统企业. 清华大学出版社，2003.

5. 方美琪. 电子商务简明教程. 清华大学出版社，2003.

6. 方美琪. XML 及其在电子商务中的应用. 清华大学出版社，2003.

7. 方美琪. 电子商务的理论与实践. 中国人民出版社，2005.

8. 方美琪. 电子商务设计师教程. 清华大学出版社，2005.

9. 方美琪. 电子商务技术员教程. 清华大学出版社，2005.

10. 方美琪. 复杂系统建模与仿真. 中国人民出版社，2005 第一版，2011 第二版.

11. 陈禹，方美琪. 软件开发工具. 经济科学出版社，2000 第一版，2011 第二版.

12. 张树人，方美琪. Web2. 0 与信息系统复杂性变革. 科学出版社，2008.

大数据与决策

作者简介

石勇，男，苗族，教授，博士生导师，籍贯湖南，1956年8月出生于成都。1982年获得中国西南石油大学数学学士学位。1983年就读于中美两国政府合办的中国科技管理培训中心（大连理工大学） MBA。1991年获得美国堪萨斯大学管理科学和计算机系统博士学位。1991—2004年任美国内布拉斯加州立大学管理学院助理教授、信息科学和技术学院副教授、查尔斯•马克丽•德信息技术杰出讲座教授和数据挖掘实验室主任。现任中国科学院虚拟经济与数据科学研究中心常务副主任；中国科学院大学管理学院副院长；国际信息技术和量化管理学会主席；中国管理现代化研究会副理事长兼秘书长；澳大利亚国家科学机构（CSIRO/ICT）兼职高级研究员。已出版了20部专著，在80多种国际著名的杂志与其他刊物上发表了200多篇学术论文。现在担任《国际信息技术和决策杂志》（CompuMath ISI Alerting，Cabell，SCI）的创立主编，《国际运筹学和数量管理杂志》（International Journal of Operations & Quantitative Management）的责任编辑，International Journal of Business Intelligence & Data Mining编委，Information编委，International Journal of Service Science编委等。曾获许多奖励，包括2009年国际多目标决策学会最高奖励“康托学术奖”，2009年度“复旦管理学杰出贡献奖”，2001年中国国家杰出青年科学基金，2004年中国科学院百人计划，1999年度内布拉斯加州立大学卓越研究奖，1997—2000年美国电子电气工程师协会 （IEEE）卓越演讲者等。

专家观点

一、大数据的基本概念

目前为止，关于大数据定义，各方还没有达成一个统一的意见。根据美国国家科学基金会的定义，大数据是“指的是大型，多样，复杂的，纵向的，和/或基于仪器、传感器、互联网交易、电子邮件、视频和点击流等产生的分布式数据集，和/或所有现在和未来可用的其他数字源”。在2013年5月的第462香山会议中，我们也对大数据概念给出了自己的定义：大数据是来源多样、类型多样、大而复杂、具有潜在价值，但难以在期望时间内处理和分析的数据集。同时为了使得政府更好的理解大数据概念，我们还给出了大数据的通俗定义：大数据是数字化生存时代的新型战略资源，是驱动创新的重要因素，正在改变人类的生产和生活方式。

总体而言，大数据能被特征描述成四个“V”，即大容量、多种类、快速度和高价值。前三个“V”为数据的采集和预处理带来了很大的困难。每个企业都面临着如何将非结构化和半结构化的数据（比如音频和视频，图片和文本等等），转化为多维数据表，以便电脑可以有效地进行处理和计算。到目前为止，仍然没有一个标准化的处理大数据前三个“V”的方法。第四个“V”价值意味着大数据是巨大的，低密度的，但具有内在的无形的高价值。为了寻求大数据巨大的商业价值，数据挖掘和商务智能是必要的手段。

大数据中，结构化数据只占15%左右，其余的85%都是非结构化的数据，它们大量存在于社交网络、互联网和电子商务等领域。另一方面，也许有90%的数据来自开源数据，其余的被存储在数据库中。大数据的不确定性表现在高维、多变和强随机性等方面。股票交易数据流是不确定性大数据的一个典型例子。

大数据刺激了大量研究问题。非结构化和半结构化数据的个体表现、一般性特征和基本原理尚不清晰，这些都需要通过包括数学、经济学、社会学、计算机科学和管理科学在内的多学科交叉来研究和讨论。给定一种半结构化或非结构化数据，比如图像，如何把它转化成多维数据表、面向对象的数据模型或者直接基于图像的数据模型？值得注意的是，与一般的半结构化和非结构化数据不同，以上的每一种表示形式都能呈现数据本身的个体表现。

从长远角度来看，依照大数据的个体复杂性和随机性所带来的挑战将促使大数据数学结构的形成，从而导致大数据统一理论的完备。从短期而言，学术界鼓励发展一种一般性的结构化数据和半结构化、非结构化数据之间的转化原则，以支持大数据的交叉工业应用。管理科学，尤其是基于最优化的理论将在发展大数据知识发现的一般性方法和规律性中发挥重要的作用。

二、数据异构性和决策异构性

在大数据环境下，管理决策面临着两个“异构性”问题：“数据异构性”和“决策异构性”。传统的管理决定模式取决于对业务知识的学习和日益积累的实践经验，而管理决策又是以数据分析为基础的。

根据决策者的特征，管理决策可以分为结构化的决策、半结构化决策和非结构化决策。在企业管理中，有三个层次的决策，分别是运营管理层、中级管理层和高级管理层。不同层次的管理人员在对信息（定量）和知识（非定量）的需求上也大不相同。结构化的决策与运营管理层相联系；半结构化的决策和中级管理层有关，非结构化的决策则与高级管理层紧密相连。

人们注意到，决策层次的改变，即从结构化决策到半结构化决策再到非结构化决策，在基于大数据环境的研究中仍是未知的。直观来说，如果运用数据驱动的企业决策管理，在知识管理的背景下，日常运营管理的结构化决策将是基于数据挖掘的隐藏模式（粗糙知识），它可以是“结构化知识”或者“显性知识”。这样一个结构化知识结合了不同层次决策者的主观知识，并且逐步转化成半结构化和非结构化知识。那些半结构化和结构化的知识可以表达为“智能知识”。然而，当运营数据由半结构化和非结构化数据组成时，就可能没有结构化的决策产生，而是涉及了半结构化和非结构化决策的运营管理层。同样，较高的管理层次将面临更为复杂的半结构化和非结构化决策。因此，大数据已经改变了传统的管理决策结构的模式。研究大数据对管理决策结构的影响成为一个开放的科研问题。除此之外，决策结构的变化要求我们去探讨如何为支持更高层次的决策而去做二次挖掘。无论大数据带来了那种数据异构性，“粗糙知识”可被看作“一次挖掘”的范畴。对我们来说，通过寻找“二次挖掘”产生的“智能知识”来作为数据异构性和决策异构性之间的桥梁是十分必要的。探索大数据环境下决策结构是如何被改变的，相当于研究有多少的决策者的主观知识参与到决策的过程中。

由于大数据所具有的半结构化和非结构化特点，基于大数据的数据挖掘所产生的结构化的粗糙知识也伴有一些新的特征。这些结构化的粗糙知识可以被主观知识加工处理并转化，生成半结构化和非结构化的智能知识。这样一个智能知识反映了大数据研究的核心价值，因而会受到更高层次管理者的青睐。

大数据的复杂形式导致许多对“粗糙知识”的主客观测量和评估相关的开发性研究问题的产生。主观知识，包括具体经验，常识，本能，情境知识和用户偏好，它是应该被量化成粗糙知识。最优化、数据包络分析、期望理论、管理科学中的效用理论可以被应用到研究如何将决策者的主观知识合并到“二次挖掘”过程中去，这里，人机交互将起到至关重要的作用。

三、基于最优化的数据流挖掘

在比如实时监测网络、股票市场或传感器网络等实际应用中，需要连续收集和分析动态的大数据。数据流是指一个由随时间不断发展的数据组成的无限过程。如果把存储在数据库中的数据称作静态数据，那么数据流则反映了大数据的动态特征。大数据环境下的数据流挖掘是一个同时结合了数据收集和挖掘的过程。要从连续接收到的数据中挖掘有趣的模式需要高速的方法。

数据流挖掘的特征罗列如下。流数据连续不断产生并需要实时处理。内存中的数据是交替并行处理的。对每个数据只需要扫描一次。数据流是高维度的。除了上述特质之外，与历史数据的概念完全不同，新数据的概念会随着时间的推移而发生改变。这被称作“概念漂移”。已知数据流挖掘技术有聚类、分类、离群点检测、频繁模式发现等任务。数据流研究领域已经提出了积极学习方法，通过调整每个学习成员的权重来确保得到最小的分类误差。这些方法把“概念漂移”转化为“松弛漂移”和“严格漂移”，设计权重调整的结构以确保达到最优的分类准确率。上述的方法可以被用来处理涉及到非结构化数据的大数据流。

四、结论

大数据已经成为没有人可以忽略的现实。当我们需要做出决策的时候，大数据就是我们所处的环境。大数据这个词的广泛传播让人们意识到了它的主要性。对学术界、工业界和政府来说，大数据都是一个巨大的机遇。同时，大数据也对各方提出了巨大的挑战。当工业界正试图弄清楚如何将自身获得的独特大数据转化成可以被可用的分析工具分析的形式，从而获得利润的时候，政府需要将大数据的使用权交还给人们。大数据是一种具有隐藏法则的人造自然。寻找大数据的科学模式将带来对研究大数据之美的一般性方法的探究。尽管这样的探索十分困难，但是如果我们找到了将非结构化、半结构化数据转化成结构化数据的方法，已知的数据挖掘方法将成为大数据挖掘的工具。对大数据的数据异构性、数据流和数据驱动的决策管理等基本特征的进行的阐述，也仅仅是一个研究大数据重要性的起点。除此之外，还有一些数据科学的开放性研究问题，包括在获得数据和从数据中产生规则方面可能存在的公理体系，基于数据库的知识发现规则与基于开放数据源的知识发现规则以及大数据挖掘的整体和（或）局部解的存在性问题等等。在不久的将来，这些问题都需要被仔细研究，以获得相关的研究成果。

中国软科学历史回顾与展望

作者简介

璐羽，女，哲学硕士，中国科技咨询协会秘书长。长期从事人力资源开发的政策研究工作，90年代后开始从事咨询业发展的研究和促进工作。

专家观点

一、中国软科学发展的背景

从辩证唯物主义的观点来看，任何事物都是由“软”和“硬”构成。科学也有“软科学”和“硬科学”之分。对于软科学的定义，罗素曾经说过：人类对外部世界的一切知识体系分“软”知识和“硬”知识两大类。宋健也说过：支持和科学决策的整个知识体系，国内外简称“软科学”。成思危则说：软科学是社会经济等开放复杂巨系统中的系统工程、宏观层次上的管理科学、以及政治经济领域内的决策科学。软科学发展是历史的必然，它是经济社会发展和改革开放的产物。中国以前搞的是计划经济，基本上所有的事情都需要政府来决策，连大葱的价格调整都需要政府来规定。软科学的诞生体现了各级领导干部决策意识和观念的重大转变，树立科学和民主在中国的地位。

纵观历史，软科学的发展可以分为三个阶段。

第一阶段为20世纪50年代到1978年，这一时期软科学作用主要体现在用经济技术方法解决经济社会问题。比如，对156个重点建设工程的技术经济学分析、1956年到1967年的12年科学技术发展规划、1956年科学院成立由华罗庚领导的运筹学小组和20世纪60年代系统科学在中国航天事业中应用等等。

第二阶段为1978年到1986年，这一时期软科学主要为管理和决策提供专业协助，如1977年技术经济学列入1976—1986科技发展规划，科学学、未来学、人才学等新兴学科也引入了中国和系统科学，系统科学的推广应用异军突起。

第三阶段为1986年至今 1986年吴明瑜从软科学为决策提供技术支撑的角度向时任中共中央政治局委员、国务院副总理的万里作了汇报，引起了万里总理的高度重视，邓小平看完之后也给予了高度肯定，并在报告上写道："很好，全文发表"。7月31日，万里代表党中央、国务院在中国第一次软科学座谈会上做了题为"决策民主化和科学化是政治体制改革的一个重要课题"的报告，陈云评道：这个讲话解决我党多年没有解决的问题。这次座谈会开启了软科学发展的动力阀门，引起了全社会对软科学的浓厚兴趣。至此，软科学从机构、人员、经费、成果、方法、国际交流与合作等方面进行了全面推进。

二、软科学在行业发展中的作用

软科学在冶金、电子、化学工业、铁路运输、交通、邮电、劳动经济与劳动安全、建材、海洋、地震、船舶、有色、教育、科协系统等行业都发挥着较大的作用。

在国防工业方面，主要集中在国防工业的战略转变，面向国防建设和经济建设服务中的重大问题而展开。还有航天七一〇所用系统工程的思维进行的"人口定量研究与应用"、"人口的控制与对策"、"经济系统工程与政策分析"等软课题，对国家的宏观决策发挥了重要的咨询作用。我们也展开了军转民、保军转民的政策研究、作战指挥模拟系统研究、重大工程的决策研究等很多软科学研究，并发挥了重要的作用。

在农业方面，如中共中央书记处农业政策研究室、国务院研究发展中心有影响的软科学研究有：《关于我国农村经济发展若干问题的建议》、《改革、发展与宏观调控》、《关于中长期粮食政策与选择》、《关于乡镇企业的中长期发展》、《农业劳动力转移与中国现代化进程》、《我国农业在国民经济中的基础地位》、《农业区划和生产布局》、《农村经营体制和我国中低产田分布及粮食增产潜力研究》等。

在城市建设方面，主要是竞争情报方式开展方向性、预测性的综合分析研究。比如城市建设技术政策、村镇建设技术政策、城乡住宅建设技术政策等重大技术政策的研究，还有城市化和城市规划研究、市政公共事业决策研究、城市建设投资体系研究、城市建设改革体制研究、房地产业发展研究、住房制度改革研究、建筑业改革和发展研究等为部门的决策提供技术支持的研究。

在地质矿产行业，主要的研究领域有地产资源与发展战略、国土整治规划以及地矿产业政策和技术政策。软科学也有一些如2000年中国矿产资源、矿产资源战略分析、矿产资源对国民经济与社会发展保证程度研究、国内优势矿产资源的开发现状、开发远景及主要矿产品出口情况、近20年我国引进地产新理论的调查与分析等主要的成果。

在机械工业方面，软科学领域的作用主要体现在对机械工业的发展进行预测与综合分析研究上，主要研究成果有：机械工业2000年产品振兴目标研究中对1000种产品进行质量和水平的全面评价，对国内外同类产品进行对比分析，找出差距和关键技术所在；在中国机械工业2000年发展规划纲要研究中为规划的制定提供了大量有价值的资料、数据、观点和思路；在中国机械工业经济规模研究中对19种问题产品进行评价，提出了适合我国国情的经济规模标准；我们也利用软科学制定了1759种国家级机械新产品开发指南里优先开发新产品的主要指标、市场需求、关键技术等指标，共500多名研究人员75个研究所参与其中。

在区域发展方面，软科学的作用主要体现在澜沧江—湄公河次区域合作研究、图们江 5 国经济区域开发区域研究、第二条欧亚大陆桥开发研究、长江经济圈开发研究、黄河流域联合开发研究、上海—宁波跨海大桥可行性研究、上海崇明—南通越江通道研究、京沪高速铁路建设预研究、京津唐经济圈开发研究等。这些成果都令我们工作人员感到非常自豪。

1994年12月24日在北京召开的第二次软科学会议上江泽民总书记出席了会

议。江总书记在讲话时说道：“我国社会主义建设正处于一个重要的发展时期，科技工作人员任重而道远。在党和国家的大力倡导下，我国软科学研究已经成为决策过程中的重要环节”。时任国务委员兼科委主任的宋健同志进行了题为《繁荣软科学、发展咨询产业》的讲话，他指出：在当前的新形势下，科技界面临的一个重要人物就是大力发展咨询产业，这好似发展市场经济、培育新产业、深化企业改革、调整产业结构、加强基础设施建设等各方面的迫切需要。软科学在当时的地位可见一斑。

三、软科学与系统工程的关系

软科学在系统工程中起着非常重要的作用。航天七一〇所运用系统工程思维进行了“人口定量研究与应用”、 “人口的控制与对策”、“经济系统工程与政策分析”等软课题，这些都属于软科学综合集成方法的实践，对我国改革开放和现代化建设中出现的重大问题进行研究并提供决策支持，发挥了重要的咨询作用。这些项目的开展，提升了航天七一〇所在国内外的声誉和影响力。

四、软科学存在的问题和未来的发展

软科学存在的问题主要表现为各级政府民主、科学决策的程序不健全；服务模式不适应市场经济发展的需要；研究人员的知识更新能力、服务能力不能满足快速的经济社会的变化；机构的学习能力、知识管理能力、项目管理及机构管理能力偏弱；软科学研究的基础设施建设长期被忽视等方面。

对于软科学未来的发展，国家政府应坚持民主和科学决策，并建立相应的制度保证，提高决策水平。另外，国家在政府预算中应明确软科学或咨询的经费。最后，政府在服务采购中应坚持公平竞争的原则，即涉及国家安全以外的所有在中华人民共和国注册的咨询机构都有权利参与政府软科学或咨询项目的竞标活动。

专家主要著作或成果

1. 创建和保持成功的咨询业务．科学技术文献出版社，2005.
2. 生物质资源制约产业发展的问题与对策．中国科技论坛，2013（5）76-80.
3. 电子垃圾处理的经验借鉴．科技导报，2012（23）11.
4. 发展北京都市农业产业集群的建议．科技导报，2012（26）11.

系统工程思想实践——国家宏观经济预测与政策模拟

作者简介

何林，女，研究员，现任中国航天系统科学与工程研究院审计与风险管理研究部主任。曾从事宏观经济预测、经济社会系统建模、航天经济分析等工作，现主要研究方向为内控与风险管理、内部审计等。2003年取得注册咨询工程师（投资）执业资格。曾获国家科技进步二等奖、三等奖各一次；部级科技进步一等奖两次，部级科技进步二、三等奖各一次。发表学术论文50余篇。

专家观点

1984年，在国务院发展中心和体改委的支持下，在经济学家马宾等同志的倡导下，七一〇所率先在国内采取社会科学与自然科学工作者相结合的方式，开展了国家宏观经济预测与政策模拟分析和研究，此项工作持续近20年。20世纪80年代至90年代，项目组以钱学森同志的系统思想为指导，在于景元教授等系统工程学术带头人的领导下，将系统工程、计算机技术及数量经济方法结合起来，应用于宏观经济领域，在宏观经济预测、经济热点问题研究、国家改革政策模拟等方面做了大量工作，为国家经济体制改革、价格调整、经济发展规划等提供了决策支持，一些研究报告上报给李鹏、姚依林、邹家华、朱镕基等国务院领导同志以及国家有关部委，得到了国家高层的重视。如1988年受国家体改委委托进行中短期物价改革方案测算分析工作；1989年根据总理办公会议纪要指示对利率调整进行政策模拟分析；1991年朱镕基同志在中南海召集国家计委、国务院研究室、银行等国家决策部门的领导、经济学家，与项目组同志共同研究讨论七一〇所提出的《关于1992年宏观经济安排可行性的论证》报告；1993年李岚清同志对七一〇所完成的《1993年国民经济预测与分析》报告的测算分析工作做了批示等。江泽民同志90年代中访问航天二院仿真中心在谈到航天企业要为国民经济发展作贡献时还专门提到了七一〇所。

自1994年至2006年，该项目组坚持每年两次对国民经济运行进行跟踪分析和趋势预测，对宏观经济中的热点问题，如通货膨胀、货币流通、固定资产投资、社会供需平衡、经济过热或增长疲软等问题进行定性定量的研究，分析问题产生的原因和提出相应的经济对策。中科院每年出版的经济蓝皮书、《数量经济与技术经济研究》、《中国软科学》、《科学决策》、《光明日报》等多次刊登该项目的研究报告。研究报告在国内形成了较大的影响。

专家主要著作或成果

1. 何林，副主编. 房地产项目主要风险及应对. 中国宇航出版社，2013.
2. 何林，等. 廉洁风险防控工作指南. 2012.
3. 何林，等. 航天科技集团公司审计体系建设研究. 2012.
4. 何林，等. 航天科技集团公司实施全面风险管理指南. 2010.
5. 何林，等. 全面风险管理知识读本. 2010.

高校系统科学研究

作者简介

狄增如，1983 年毕业于北京师范大学物理学系，硕士学位，1997 年获系统理论专业理学博士学位；现为北京师范大学系统科学学院教授，博士生导师；主要从事复杂网络和经济（金融）物理学等方面的研究，是国内最早从事经济物理学研究的学者之一，现任国务院学位委员会系统科学学科评议组召集人，“Journal of Economic Behavior & Organization”杂志编委等。

专家观点

一、北京师范大学系统科学学院建院历史

北京师范大学早在 20 世纪 70 年代末期就成立了非平衡系统研究所，1985 年建立了全国首个系统理论专业，并在随后几年里陆续成为系统科学首批博士学位授权单位，设立全国首个系统科学博士后流动站，取得系统科学一级学科博士学位授予权，其系统理论学科于 2002 年成为该领域中全国唯一的国家重点学科，2004 年建立“复杂性研究中心”，2006 年与数学科学学院共建数学与复杂系统教育部重点实验室，2013 年建立系统科学学院。

二、复杂网络是解决复杂系统问题的一种有效方法

航天七一〇所在系统工程与系统科学发展中作出了成绩，是系统科学发展的基地。而北京师范大学系统科学学院也具有自己独特的优势，定位在系统科学学科发展上。

复杂性是21世纪的科学。关于复杂性，我们关心的问题是大量个体（更典型的是具有适应性的主体）所组成的复杂系统，在没有中心控制，非完全信息，仅仅存在局域相互作用的条件下，通过个体之间的非线性相互作用，可以在宏观层次上涌现出一定的结构和功能。复杂网络是研究复杂系统的一种角度和方法，它关注系统中个体相互关联的作用和拓扑结构，是理解复杂系统性质和功能的基础。系统科学是交叉性的、目前还没有实现建立具有普适的、统一的概念和方法的系统学的目标，需要通过对各领域具体问题的研究，解决实际问题，进而找到更有效的具体方法，并促进系统学的发展。在实际的工作中应该将系统科学与系统工程有机地结合起来，由具体的现象来导出其内在的规律。在社会经济复杂性研究中就需要首先确定复杂性对象、行为作为主要的方向，同时还必须要有系统科学思想来指导。坚持“走进去、走出来”的研究方法，就是要首先熟悉该研究领域，真正能够带着自己的角色进入该领域并实现应用系统科学的思想方法解决科学问题的目的，其次要明确研究的终极目标是发展系统科学本身，我们需要通过具体系统的研究发展普适的、具有一般意义的系统学。

专家主要著作或成果

参与及主持项目

1. 国家自然科学基金重大项目一级子课题（项目号：79990580）：支持宏观经济决策的综合集成方法与系统学研究，1999年6月—2004年5月，戴汝为、于景元、顾基发主持.

2. 国家自然科学基金项目（项目号：703七一〇72）：企业规模幂律分布的形成机制，2004年1月—2006年12月，主持.

3. 国家自然科学基金重点项目（项目号：70431002）：非线性网络的动力学复杂性研究，2005．01—2008．12，方锦清主持.

4. 国家自然科学基金项目（项目号：707七一〇11）：二分网络社团结构分析的理论与应

用研究，2008 年 1 月—2010 年 12 月，樊瑛主持，参加.

5. 国家自然科学基金项目（项目号：70974084）：社会关系网络空间标度性质的形成机制和传播功能，2010. 01—2012. 12，主持.

6. 国家自然科学基金项目（项目号：61374175）：基于科学引文数据的耦合网络演化与预测研究，2014. 01—2016. 12，主持.

主要论文

1. Yanqing Hu，Yougui Wang，Daqing Li， Shlomo Havlin，Zengru Di. Possible origin for efficient navigation in small worlds. Phys. Rev. Lett.，106，108701（2011）（It has been reviewed by 'Spatial Networks' which will be published PHYSICS REPORTS）.

2. An Zeng，Seung-Woo Son，Chi Ho Yeung，Ying Fan，and Zengru Di，Enhancing synchronization by directionality in complex networks，PHYSICAL REVIEW E 83，045101（R）（2011）.（RAPID COMMUNICATIONS）.

3. Qian Zhuang，Dong Wang，Ying Fan，Zengru Di，Evolution of cooperation in a heterogeneous population with influential individuals，Physica A 391（2012）1735-1741.

中国载人航天战略经济效益论证分析中的系统工程思想

作者简介

欧阳奕孺，男，北京大学数学系，博士研究生毕业，原七一〇所研究员。长期从事系统工程与系统科学研究工作。1980年至1990年度承担多项航天系统工程咨询研究，同时进行系统科学理论研究。获部级科技二等奖1项，三等奖3项，北京市级科技三等奖1项。

专家观点

一、咨询性系统工程的一个典型案例，作用和意义

咨询性质的系统工程常运用于大型复杂工程的起步阶段，在工程前期的筹划、论证、方案选择中起着非常关键的决策支持作用。其一般的情况是：在信息不充分（永远如此）的情况下，如何尽可能多地占有并吃透国内外背景材料和相关情况，运用系统工程的思想和方法，从总体而不是局部上把握好问题的脉络和实质，提出切实可行的总体方案和技术路线，并对不同的方案进行客观的综合评价和比较，提交策部门参考。这是咨询性系统工程项目的精华和难点，也是最能体现系统工程思想的工作环节之一。80年代中后期中国发展载人航天技术路线综合大论证过程中，我们所承担的经济可行性与技术经济、效益论证分析就是这方面一个典型例子。

二、中国载人航天发展战略中技术经济问题的研究

中国载人航天发展战略及技术路线研究开始于20世纪80年代863规划提出之后，时值我国开始全面改革开放，中国航天科技的发展不再是航天内部的局部问题，而是已经成为国家总体发展战略的重要组成部分。因此发展载人航天这样的重大航天项目，不仅要论证技术问题，还要放在国家发展的大背景下切实考虑技术经济问题。

1987年，当时的航天部领导责成我研究室以 “中国发展航天飞机的必要性和可行性研究”为题，配合当时技术路线的大论证，着重研究中国载人航天发展的技术经济问题，并侧重经济可行性及航天发展的效益问题。

为此，我们进行了大规模的调研和查找资料，科学地分析了航天科技工业的属性特点，并以“大系统”观点为指导，根据当时的国民经济发展速度、GDP增长曲线以及研制航天飞机和飞船需要国家每年的投入情况，在对中外航天产品进行定量化深入对比分析的基础上，采用定性和定量综合集成的方法，构建了相应的模型，计算出了中国分别研制航天飞机和飞船的年度投资曲线，并与国家年度可投入量进行比较。得出的结论是“中国到90年代初就可以按飞船方案起步发展载人航天；但至少要到2005年在其他必要配套条件同时具备的情况下，国家财力才可能支持发展小型航天飞机。历史的发展证明，我们这个结论是和后来的发展实践吻合的。从而当时从技术经济科学的角度，有力地支持了我国发展载人航天正确路线的选择。受到领导部门的高度重视。

在这个典型的咨询性系统工程项目过程中，我们在理论上也有所建树：

1）原创性地提出了“中外航天等工程费用比值”的定量方法，该方法成为后来业内相关研究者的经常使用的定量方法；

2）在国内外首次提出 “航天技术经济学”的学科概念与研究内容和基本框架，为后来这一领域开展的研究工作做出开创性贡献。

进行经济效益分析存在很大的难度。一是航天技术属于高科技，是最前沿的探索。由于宇宙是无穷无尽的，宇宙探索也是无穷无尽的，航天技术的发展具有无限的发展空间。二是航天科技产业本质上不同于传统产业，航天科技产业的投入和产出之间有时间滞后，而且这种滞后时间往往难以人为控制，它需要一个技

术扩散和带动过程，并产生广泛的带动效应。并且，航天技术的带动性往往不反映在投资部门，而是贡献给全社会，航天技术扩散和产生的社会效应会在各个部门逐渐体现出来。因而论证航天效益及其产生机制等问题用传统的经济学观点和方法是不能奏效的，这就自然催生出一个新的经济学—航天技术经济学。根据近期的研究表明，航天经济学是当前正在兴起的伴随高技术发展的新经济学的核心部分。

我们的这些创造性工作既是七一〇所对国家航天事业和系统工程领域的重要贡献，也为今后的研究发展添砖加瓦。

三、系统和信息的关系

系统和信息是密不可分的，系统离不开信息，没有信息的系统或者信息量很小的系统是死系统；没有信息根本不可能进行系统工程的任何研究。另一方面，正如钱老生前所说，要高效地研究信息，提高信息情报研究的质量和层次，必须运用系统方法，提高到系统工程的层次。系统和信息要实现有机融合才能实现两者更好的发展。如果将信息和系统人为割裂开来，不但在理论上是说不通的，并必然阻碍这两个领域的发展。

为了搞清对国内外搞系统工程的认识，更好地实现系统工程和信息研究的融合，近期我们从系统科学的层次，对众说纷纭的各类系统工程进行了科学分类，分析了他们之间复杂的交叉关系。并进一步研究了信息（抽象的原始的哲学层面的）的定义及其与系统的关系，从信息的角度对各类系统进行了新的科学分类。正在进行的这方面的工作是系统科学基础性的工作。

研究院就是一个信息与系统工程相结合的一个产物，为了不罔顾这个继承钱老遗志的命名，我们应当在系统工程与系统科学基础和理论问题上有更为深刻的思考和探索。

专家主要著作或成果

1. 可扩同胚的存在性．北京大学学报，1983.

2. 双向可微分可扩同胚的存在性．数学学报，1986.

3. 微分动力体系简介. 系统工程理论与实践，1988.

4. 中外等工程费用动态比值的定量研究. 国防科技系统软件

5. 航天的特点与效益分析方法. 中国航天，1992.

6. 航天经济学与效益分析方法. 宇航出版社. 1995.

7. 战略研究的基本方法. 航天工业管理，2011.

系统工程思想在社会经济系统中的实践

作者简介

史若华，男，原七一〇所退休研究员，原七一〇所系统工程中心主任，享政府津贴。1983 年前在航天二院二部从事飞行器控制系统分析与设计研究，1983 年后在航天七一〇所从事系统工程应用研究。

专家观点

一、1983 年从事系统工程后的主要研究项目

自 1983 年从事系统工程研究工作以来，我在航天七一〇研究所负责或参与完成的主要项目，包括参加或负责的国际合作项目、参加或主持的有关经济及区域经济项目、主持或参加的航天系统经济与管理的课题，及其项目获奖情况。

（1）参加或负责的国际合作项目

1）1999—2000 年，亚洲开发银行项目《中国养老保险改革研究》，作为项目的中方专家，负责经济模型和经济分析工作；

2）1997 年，《CRP/91/144 黄河三角洲投入产出分析》，UNDP 支持黄河三角洲可持续发展 CRP/91/144 项目子项目；

3）1994 年 8 月～12 月，UNDP 的项目《新疆北部水资源发展规划》，作为项目专家组的中方宏观经济专家，并负责《北部新疆宏观经济规划研究》；

4）1990年～1993年12月，作为UNDP华北宏观经济水资源规划研究项目专家组成员，并负责《华北地区宏观经济投入—产出规划模型研究》子项目；

5）1989年～1991年2月，参加由中国国家科委主持的与美国东西方中心，韩国国土开发研究院合作项目《黄河沿海区域中韩两国合作经济发展前景研究》，任项目中方项目组总体组组长；

6）1986—1988年，与香港中文大学合作参加“中国经济改革”项目，负责《中国农村剩余劳动力转移研究》子课题。

（2）参加或主持的有关经济及区域经济主要项目

1）2001年3月～5月，河北省“南水北调中线建设队河北省经济发展影响分析”。

2）1998年，国家“九五”攻关课题“国家社会发展综合实验区域可持续发展决策支持系统研究与示范”项目（96-920-04-05）的子课题《大丰市经济发展的分析与评价》，作为项目负责人。

3）1985—1994年，《我国年度国民经济政策模拟及经济形势分析》，任该项目执行负责人。

4）1993—1994年，《中国劳动力出口潜力研究》，社科基金项目，项目负责人。

5）1990—1994年，1994年3月～6月，与世界银行中国部经济组合作：

1993年，与北京市劳动局合作；

1991年，与海南省体改发展研究院合作；

1990年4～5月，与劳动部社会保险司合作。

上述项目中作为负责任，负责总体设计、建模、结果分析，编写报告。

6）1992—1993年，《海南省产业结构研究》，项目负责人。

7）1990年3月～1991年3月，“海南省宏观经济模型”，项目负责人。

8）1988年10月～1991年，国家自然科学基金项目《中国工资改革及政策研究》项目执行负责人。

9）1986—1989年，《城市化和农村剩余劳动力转移研究》项目负责人。

10）1985 —1986年，《中国农业模型及政策研究》项目负责人。

11）1983—1984年，《财政补贴、工资、价格综合研究》，项目主要负责人。

二、系统工程方法在项目研究中的应用

20世纪80年代，全国正面临着粮食等各个方面的价格调整。根据当时国家经济改革和宏观决策的需要，与国务院经济发展研究中心和国务院体改委合作， 航天七一〇所用控制理论的思路、计量经济学的方法，建立了价税财模型，在北京计算机中心进行了计算。采用定性与定量相结合的方法进行经济问题的研究，在全国开创了首次，为国家制定政策提供了有力的论证和预测，并获得了国家科技进步奖。1985 年，进行项目鉴定时，有专家形容此鉴定会，像是开了半个国务院会议。此后，七一〇所承担了多个部委的项目。

由于七一〇研究所开创了从定性到定量综合集成的系统工程方法，所以在 20世纪80～90年代，七一〇所承担了国家多个部委的研究项目，也取得了很好的效益。但存在的问题是，项目研究所形成的成果没有固化成产品，早期研究中所建立的各种模型和软件程都没有形成产品，很容易被其他人掌握， 比如， 劳动部委托的“退休养老保险金体制改革方案及模型测算研究”中建立的测算模型，是我们国家建立的第一个此类模型。系统工程的思路方法和模型， 很容易被别人理解和掌握，所以，别人一旦掌握了这些，就能够自行解决一些复杂系统的问题。

在后期的发展中，七一〇所逐渐失去了系统工程方面的优势，发展速度减缓了。另外， 各个部委分别组建了自己的研究队伍， 与我们研究所合作机会减少。

专家主要著作或成果

出版著作

1. 阎善昌，史若华. 海南省产业结构发展及产业政策研究. 海南省出版社，1994.

2. 孔德涌，史若华. 环渤海区域经济发展研究—中韩经济展望. 中国科技出版社，1992.

3. 于景元，史若华，薛天栋. 中国经济结构改革研究. 商务印书馆，1991.

4. 史若华. 中国农村剩余劳动力转移问题研究. 展望出版社，1990.

获奖情况

1. 经济系统工程及政策分析，国家科技进步三等奖，1987.

2. 年度国民经济政策模拟及经济形势分析，国家科技进步二等奖 1991.
3. 华北地区宏观经济水资源规划管理，国家科技进步二等奖，1997.
4. 型号研制经费分配模型，三等奖，1986.
5. 航天部职工继续教育工程的定量研究，三等奖 1989.
6. 年度国民经济政策模拟及经济形势分析，一等奖，1990.
7. 水资源——经济系统协调发展研究，二等奖，1997.

回顾过去 开创未来

作者简介

王丽莉，女，高级经济师职称，1991年至2000年曾任七一〇所系统部副主任（正处级、指导员兼党支部书记），现任中国社会经济系统分析研究会常务副秘书长兼办公室主任，1995年至2011年期间任《科学决策》杂志社社长。

专家观点

一、七一〇所的建立的背景

七一〇所于1979年开始筹建，1982年5月被航天部正式批准建立。当时的七一〇所对外名称是“北京信息与控制研究所”。第一任所长是宋健，该所是航天部建立的一个以计算机为主要研究方向的直属研究所。当时的部领导对该所十分重视，从航天部二院调来宋健同志当所长，从航天各院所调来计算机技术骨干和从名牌大学挑来研究生和大学生组成技术队伍，又从国外引进了大型宝来计算机，明确该所主要业务方向是开展以大型计算机运算、系统工程研究及网络、信息、计算机辅助设计方面的研究，当时七一〇所的机构设置是小机关——精干机关科室，大研究室——科研分为两大职能部门和七个研究室。两大职能部门分别是计算机系统运行部和是信息服务部。计算机系统运营部负责对所新引进的大型宝来计算机进行运行、操作和对外计算；信息服务部负责计算机用户咨询，用户培训和软件方面的开发。七个研究室分别是：计算机网络技术室、系统工程与控制研究室、数据库与信息研究室、计算机辅助和工程应用研究室、图形处理及模式识别研究室、微小型计算机研究室、情报室。到1991年又成立了航天载人发展研究部，七一〇所拓展为八个部和一个公司（华丰计算机公司——负责对外承担研究成果推广任务）。

二、系统学讨论班

系统学讨论班正式于1986年1月7日开始。于景元副所长负责组织。每周的星期二下午在七一〇所举行的。系统学讨论班是由钱学森同志提倡并亲自参加主持的。当时参加系统学讨论班的都是国内顶级的经济学专家、金融家、社会学家、军事专家、系统工程专家，还有一些北大、清华、北师大的教授。七一〇所的领导、系统部的研究人员、研究生、国防科工委系统所的同志，参加的人员一般每次大约40多人。

系统学讨论班的方式是每次都事先要选定一个专题（专题是社会热点问题、前沿学术问题、改革开放需要解决的问题等），请一位这个领域的权威或资深专家主讲，讲完后大家讨论，提出意见，最后由钱学森同志进行归纳总结发言。由于系统学讨论班紧密结合实际涉及的学科领域广泛而且超前，专家们讨论的问题深刻，在系统学讨论班讨论问题是很有生气的，很有吸引力的，每次讨论班都对人有很大的启发。讨论班所研究的一些重要问题还形成建议上报党中央国务院。为国民经济改革发展提出了决策支持意见。

系统学讨论班到1992年后钱老因身体原因不能直接参加讨论班了，但他一直关心讨论班，坚持每次听讨论班的汇报，讨论班一直延续到2002年7月才结束（其中有两年时间是在国防科工委系统所召开，其他的时间都在七一〇所）。

三、中国社会经济系统分析研究会的建立和发展历史

1984年七一〇所完成了受中国体制改革研究会委托建立的《国民经济测算数学模型》研究课题，1984年8月16日在香山饭店召开评审会，人民日报做了报道

指出："航天部七一〇所建立的模型是一件有意义的工作，一次开创性的活动，是有益的良好的开端，意义在于他为组织现代化大经济提供了科学方法，也为坚持科学技术必须面向经济建设，经济建设必须依靠科学技术这一战略方针提供了可贵的经验。对我国正在进行的经济政策和经济决策，对正在进行的经济体制改革和经济管理现代化，具有重要的意义"。

为适应改革开放的需要，进一步开展合作研究，实行产学研三方面的融合，促进系统工程方法在社会经济系统中发挥更大的作用，经宋健、马宾、李忠凡、于景元等领导研究决定成立一个社会科学工作者和自然科学工作者结合，运用系统理论和系统方法，人—机结合、人—机对话的方式，解决社会问题、经济问题，建立一个开放的互相结合的平台，以推动各级政府决策的科学化、民主化、制度化进程需要建立的国家一级学术研究性组织，作为联系各部委，国家机关各部门、集合专家智能，形成一个产学研相结合的一体化组织。研究会的筹办是从 1985 年开始，于 1987 年 3 月经航天部批准，并在民政部注册登记，12 月 20 日召开成立大会。研究会学术研究实体挂靠在七一〇所。

研究会第一任理事长是国务院发展研究中心副总干事马宾，副理事长是七一〇所副所长于景元，秘书长是国家体改委理论局副局长的李忠凡。从 2000 年开始第二任理事长是孔德涌，曾任国家科委的原政策法规司的司长，也是国家科委国际交流中心主任，驻联合国的科技参赞。由于当时机构改革航天部分成了科技集团和科工两大集团，研究会主管单位由航天部转到了国防科工委。但挂靠单位仍在七一〇所。2009 年 9 月 24 号，研究会第六届会员大会改选，选举蒋正华先生（曾任中央农工民主党主席、人大副委员长）为理事长，副理事长为：邹平（曾任国务院政策研究室副局级巡视员），于景元（曾任航天七一〇所科技委主任），郭宝柱（曾任航天科技集团科技委主任），王崑声（中国航天系统战略与工程研究院院长），景天魁（中国社科院社会学部学部委员），侯光明（北京电影学院党委书记、原理工大党委书记），陈剑（国务院经济技术发展研究所所长），周力行（国家开发银行宏观院院长）。

目前中国社会经济系统分析研究会下设办公室等五个办事机构和 5 个专业委员会：中国亚太研究专业委员会；人口专业委员会；国家安全战略与国防工业经

济专业委员会；低碳经济研究专业委员会；决策支持系统专业委员会。

中国亚太研究专业委员会，于 1992 年在长春建立“东北亚经济论坛”，研究内容主要中、俄、韩、日、蒙、美、朝等亚太国家经济、旅游、环保、能源、地区经济合作等。每年在以上各国轮流召开“东北亚经济论坛”会议。目前已开到第 22 届。

人口专业委员会主要进行计划生育政策研究、生育文化研究和宣传工作，2009 年以后，面对人口老龄化与国务院老龄委和金融、保险机构合作开展了中国信托业应对人口老龄化挑战的研究。2010 年又开展了地区长寿国际指标体系的研究，取得了国际长寿专家委员会的认定，积极推动了老年长寿服务体系各项活动的开展。

国家安全战略与国防工业经济专业委员会针对国家安全的决策和国防系统的相关的航天、核、船舶、兵器、航空等单位的战略研究、政策研究、军民融合发展结合在一起，各方军事专家和军工系统方面专家组成课题组进行论证开展研究取得了很多的成果。

决策支持系统专业委员会最早由国家科委陈宝莹主任负责，经研究会常务理事会研究决定为更好地发挥航天系统战略研究院的优势将由周晓纪副所长负责。

低碳经济专业委员会是 2013 年成立的为进一步实现低碳开展环保研究的新型专业委员会，已得到国外的支持项目开展了餐厨垃圾的综合利用研究项目。

四、中国社会经济系统分析研究会与七一〇所合作研究共建系统方法产学研基地

1980 年 2 月 8 日钱学森同志向时任国务院副总理的陈慕华的写信中就对宋健、于景元等四位同志运用控制理论研究我国人口预测和分析的报告给予很高的评价“认为是我国自然科学和技术科学进入社会科学领域和社会科学工作者合一道共同解决国民经济问题的一个良好开端，应该支持”。在以后的几年时间里，在钱老、马宾、李忠凡、廖季立等老一辈科学家和经济学家的积极支持推动下，根据国务院和国家体改委对改革的部署七一〇所参加了国家各部委的改革决策方案的测算工作。

运用研究会和七一〇所开放而又紧密结合的产学研平台，在 30 年的时间里向党

中央及国家各部委呈送了十几份年度经济预测分析报告和国家宏观经济模型——财政补贴、价格、工资综合平衡模型，国家金融系统控制模型，国家宏观经济模型——农业政策模型，国家宏观经济最优控制模型，邮电部投入产出经济效益模型，国家农业政策模型，国家宏观经济最优控制模型，航天事业对国民经济和社会影响的综合分析模型，与卫生部、中国红十字会合作进行的艾滋病对社会经济的影响，与水利部关于三峡工程的社会经济影响预测研究，与社会保障部合作的社会养老保险体系分析报告等。对地区经济发展也针对性地提出了建议，像对延安地区的政策研究就是很成功的一例。除此之外，还开展了广泛的国际合作了开通了国内外首条卫星通讯线路即 BW（北京——维也纳线路）并与美国东西方中心人口研究所，韩国产业研究院、香港中文大学、香港大学、香港科技大学开展了学术交流和课题研究。合作研究为党和国家各级政府部门提供了多份定性与定量相结合的政策分析意见，用系统数学的模型为决策提供支持，为改革开放的政策提供了科学依据。得到了时任国家领导人赵紫阳、李鹏、姚依林、张劲夫、朱镕基、陈慕华、李岚清、纪登奎等多位国家领导人的高度赞扬和重要批示。赵紫阳 1985 年 10 月 16 日的批示:“充分肯定七一〇所和参与经济模型的同志的工作是有效的，今后有关方面应大力支持，使经济发展的模型的工作不断改进。”李岚清副总理 1993 年 8 月 14 号批示：“经济预测与分析是一门系统工程的经济科学，是在市场经济条件下，政府进行宏观调控的重要依据，希望继续这方面的研究，找出适合中国国情的规律和模型，不断提高预测的精确程度”。七一〇所研究的人口计划生育预算模型、财政补贴、价格、工资综合平衡模型、年度经济与预测模型、艾滋病对社会经济的影响等项目分别多次获得国家自然科技进步一、二、三等奖。

2000 年“9·11”以后国际形势发生变化，国家安全对策和军民融合研究是我们主要研究的方向：《美俄签署削减核武器协议重大事件对国防科技工业的影响》、《9·11 事件后中国面临的形势及对策》、《国防科技安全若干问题探讨》、《阿富汗战争对我国安全环境和国防科技工业的重大影响及启示》、《美伊战争形势发展及对．世界经济和政治影响》、《朝鲜核问题发展趋势分析》、《2002 年国际安全形势和主要大国军事战略调整》、《危机管理机制》、《科索沃、阿富汗、伊拉克战争与国防科技工业的发展》、《2004 年台湾的 3．20 大选的分析与基本对策》、《当前台海形势及其对策》、《从台湾登陆热看台湾未来的发展》、《当前台海形势与美日因素》、《正确处理国防建设与实施和平发展战略的思考与建议》、《体系对抗的武器装备贸易及合作》、《美国境外投资安全风险管理机制》和《美国军工转型的启示》。还有一些就是与各级政府合作进行的区域性规划研究，如为山东省即墨市进行的创新海洋科教规划研究、海南省澄迈县世界长寿地区指标体系的研究、针对我国人口进入老龄化与金融保险系统做了一个信托养老保险系统研究项目等。

五、关于《科学决策》杂志

中国社会经济系统分析研究会的会刊《科学决策》杂志是七一〇所成立以后在宋健和于景元同志的支持下，要给年轻人一个出成果的机会、建立一个对外学术交流窗口由研究会负责创办的。试刊于1988年当时刊名为《系统信息决策》第一篇文章是钱学森同志的写的，文章的题目是“软科学是定性与定量相结合的系统科学”。后经报国家科委改名为《科学决策》。在北京市新闻局注册，1994年《科学决策》正式创刊，宋健同志为创刊题词“为建立和健全民主的、科学的决策程序做出贡献”。杂志每期几乎都刊登过七一〇所的研究成果，史若华、欧阳奕儒、王崑声、袁建华、周晓纪、何林、王翎、许屹等研究人员的论文都在杂志上发表过，研究的内容基本上都是国家科学基金项目或紧密结合国家体制改革的实例项目。蒋正华理事长十分关注和支持科学决策杂志，多次对杂志的宗旨、栏目和文章形式和内容都提出了详细的要求，要求杂志要展现系统科学研究的成果，突出研究会的特色，杂志社也在积极努力的进行改进。

专家主要著作或成果

1. 参与编写《航天工人技术等级标准》. 1982.
2. 参与《现代社会科学基础》. 1994.

量度工程

作者简介

胡良元，男，高级工程师，现任航天战略院综合办公室主任、航天系统院项目发展部副部长。曾先后具体组织钱学森系统学讨论班、载人航天一期论证、北京维也纳通讯线路开发、智力引进等工作，近年曾先后具体组织《提高我国制造业产品质量途径研究》《我国工程科技中长期发展战略》《战略性新兴产业培育与发展》《科技重大专项中期评估》等十余项重大课题论证工作。

专家观点

一、　关于系统工程的体会

系统工程的基本内涵是：工程、技术；社会诸事务；理论方法技术工具探索与研发活动；系统性理论方法技术工具的总称及应用。系统工程就方法论层面讲是辩证法的量化形式，是西方主要的分析思维方法和东方主要的综合思维方法初步有效的结合及成果。社会发展要求系统工程主要地不是“照着讲”，是“接着讲”，是丰富发展。系统工程主要研究的是构成系统诸要素的关系，并不主要关注每个构成要素的内部状况，核心是围绕着系统构建展开的。形成系统构成诸要素关系的一个决定力量是诸要素的内部状况，因此需要评价，以输出评价输入或中间过程循环论证。

社会系统因为人的因素等而不稳定，因此需要优化提升。评价和提升是系统工程要丰富发展的内容，是历史要求，标志着系统工程进入新的发展阶段。

二、关于量度工程的体会

王崑声院长发表的一篇论文中首次提出量度工程。量度工程与系统工程一脉相承又与时俱进，是系统工程一个发展阶段。量度即评价优化提升之义。作为一个阶段，根据其核心特征，比照系统工程，概括起一个名“量度工程”。量度工程基本内涵是：具量度特性的工程、技术；可量度的社会诸事务；量度理论方法技术工具探索与研发活动；量度理论方法技术工具的总称及应用。量度工程就方法论层面是定性定量综合集成基础上“顶层设计，底层实施”的理论方法技术工具。其基本框架是系统认知、系统构建、系统评价、系统提升，系统科学、系统工程、社会成熟度、六西格玛等等理论、方法为其提供具体支撑。系统认知和构建是对系统科学、系统工程主要内容的一个概括和总结，是量度工程的构成部分和依据；系统评价和提升是系统工程第二阶段即量度工程阶段所需丰富发展的主要内容，是“接着讲”系统工程，同时实践为其发展提供支撑，如产业结构调整、经济转型、改革开放等，其实就是评价优化提升的过程。量度工程以系统认知、构建、评价、提升为框架综合集成，因而是创新。古人讲，以它平它，和实生物，集成本身意味着创新发展。量度工程是系统工程的总结、继承、丰富和发展，是第一阶段发展的基本逻辑，是从一般性的工程和事物组织管理中凝练总结出来的。其核心思想是客观地找到了评价优化系统的量化方法和技术，并提出有针对性的优化策略，达到系统提升的目标。量度工程产生于实际需要，符合客观发展要求，并在客观进程中不断得到丰富与发展。

三、关于系统科学发展思路

系统科学主要是关于系统认知、构建、评价和提升的理论。系统认识和构建目前已有相当多的成果，在这方面的发展主要是继承和丰富。系统科学要有所突破，就要着力于系统评价和系统提升理论的创建。就这方面，王崑声组织研究院专家已经历了一个时期的探索研究工作，取得一些成果并已在实际工作中发挥作用，比如技术成熟度、产业成熟度等。量度工程是这项探索研究工作的成果集成。

四、关于研究院定位、目标、旗帜、任务的认识

研究院的发展要做到“定位准确、目标明确、旗帜鲜明、任务落实”。

研究院的定位是“智库”。这是研究院产生发展的历史形成的，是上级单位和社会需求形成的，同时它的业务资源和功能支撑这样的定位。上级单位对研究院的定位就组建文件所体现的是“智库”性质。这个定位已被系统内外有关单位以及一些境外机构和单位所认同。

研究院的目标是实现“国内一流国际知名智库”。研究院系统工程文化是一流的，一流的文化支撑一流目标的实现，其中把一流作为国际层面实现的目标脱离研究院阶段性的实际。就目标而言，不能搞多目标，不能眉毛胡子一把抓。

研究院的旗帜是“系统工程文化”，核心是系统工程。系统工程是我院的核心竞争力，是航天软实力的重要组成部分。历史发展的趋势，一个国家乃至一个单位，其发展和扩张首先是其文化的扩张和发展。研究院的发展首先仰赖系统工程文化的扩张。

研究院的任务是“支撑战略谋划、服务软实力发展、开辟经济增长业务”，包括开辟新业务新领域。系统工程的魅力在于兼容并包、多样发展。智库是研究院的发展根本，所有的发展增添了研究院作为智库的发展内容和发展特色，不是在其发展之外，那样就脱离了实际。一打纲领不如一步行动，研究院的任务重在落实。

专家主要著作或成果

1. 《量度工程—精细化管理理论方法与技术初探》（参加）.
2. 《基于企业家视角的循环经济发展研究》.

保密认证工作是系统工程的成功实践

作者简介

沈念，男，高级工程师，现任中国航天系统科学与工程研究院保密处处长。有着丰富的基层工作经历和长期从事机关多岗位、多职能的管理经验。自 2003 年从事保密管理工作以来，亲自组织了单位的 2004 年和 2012 年两次“一级保密资格认证”工作，擅长以系统思维指导管理工作。

专家观点

一、保密认证是系统工程思想在管理工作中的成功实践

保密防护是一个体系工程，不仅包括保密管理，还包括技术防范，涉及到人员管理、载体管理、计算机及网络系统管理、宣传报道管理、涉密会议管理、外场试验管理、协作配套管理、涉外管理等多个方面。

国家制定的保密认证标准实质上就是将与保密工作相关的所有要素作为一个大系统，运用系统思维，对系统内部进行相互协调、相互配合，注重防护体系的整体建设、正常运转和运转信息的反馈与追溯。如果按照单一思维，“头疼医头，脚疼医脚”，就很难达到整体防护要求。因为一个系统要正常运行，各部分必须有机协调，机械的运行或简单的协调无法达到预期效果。这一点十分类似传统中医“辨证施治”的思想。

现在国防军工行业保密资格认证工作进行的轰轰烈烈，通过资格审查认证的

企业、单位都已将国家的保密要求落实到了科研、生产、管理的每一个过程，并基本做到了所有行为可控、可追溯。目前各个企业、单位不管是有意识的，还是无意识的，通过保密资格认证这一形式都对保密意识有了很大提高。但如果想进一步发展，还有待于不断地总结和提高，从感性的认识中总结出具体的理论，并形成制度和规范，这是下一阶段保密认证工作可以着手改进的地方，更需要用系统工程的思想去统筹考虑。

二、目前系统工程发展中存在的问题

当前系统工程发展中存在的问题是虽然对系统工程思想的研究很普遍，应用也日益广泛，但对于系统工程的概念和内涵依然认识不清，并没有达成共识，甚至还存在一些分歧，可以说是“根系不壮，分枝庞杂”。有的认为系统工程就是一种操作方法。纳入到一个具体的工程项目上来讲，就技术谈技术，就方法谈方法。有的将系统工程视为一种高深的玄学，试图用固定的模型来描述它，热衷于凭空设计模型、制造概念。实际上，系统工程思想是一种能指导实践的管理理论，这种理论的诞生和发展都离不开实践。在实践中，它不仅仅着重解决工程本身的技术实现与方法，还在管理方面特别强调统筹（顶层设计、确立机制）与协调（形成机能）。也就是钱学森同志提倡的系统管理思想。系统工程之所以在航天工业得以创立并办有特色，就是因为抓住了“两线一总”，就是工程技术线、管理线和总体设计部。系统工程的实践包括了技术与方法，但不仅仅是技术与方法，人力、物力、财力的综合保障与各分系统之间的有效协调也很重要，包括顶层设计和大系统运行机制的建立。

当然，系统工程作为一门学科像其他科学理论一样有进一步深化与发展的需要，这个观点已被大家所认可。深化系统工程思想或理论，推广系统工程实践经验，需要有新的理论成果支撑；而建立在创新基础上的理论探索反过来也需要不断以新的应用和实践来印证和完善，就理论说理论不行。目前，高校系统研究系统工程之所以推广不开，主要原因就是始终停留在就理论说理论，“坐而论道，纸上谈兵”上，缺少实践支撑，得不到实践的验证。

三、推广系统工程，研究院要眼光长远、步调统一

作为立院之本，研究院要大力发展和弘扬系统工程思想，就要注意做到以下三点。

1）眼光要放长远。发展和推广系统工程，不能只着眼于一点，也不能只停留航天系统内，否则不利于系统工程的社会普及和推广。研究院既然想恢复系统工程研究的辉煌就应该有勇气重新扛起系统工程思想的大旗，而这面大旗不仅仅是航天领域的系统工程，也不仅仅是研究院的系统工程，而是中国的系统工程。

2）研究院内部要建立起系统工程人才队伍，坚持扎实研究系统工程的历史发展轨迹、理论内涵、基本要素和内部机制。

3）在实践中不断摸索出一条统一的系统工程发展道路，使得研究院在内部对系统工程思想、理论等方面有统一认识。在学术研究层面上，允许百家争鸣、百花齐放，但研究院作为系统工程学术研究的事业单位，作为一个整体，就不能重蹈“学院派”、“学究派”的覆辙，空讲理论不行，“山头林立”、“各自为战”也不行，要做到步调统一。否则，研究院内部对系统工程的理解模糊不清、认识不一，不利于系统工程的普及和发扬光大。

专家主要著作或成果

1. 航天学科重大进展综述. 中国科技蓝皮书，中国科协，2001，2002，2003.

2. 参与《国防科技工业概览》撰写.

3. 航天运载器. 兵力运用与本土发射计划. 2004年世界武器装备与军事技术发展报告，2005.

4.《国防先进工业技术跟踪分析与对比研究》(主要完成人之一)，船舶工业科技进步二等奖，2005.

5.《国防先进工业技术跟踪分析与对比研究》(主要完成人之一)，国防科技进步二等奖，2005.

我眼中的钱学森

作者简介

牛立爽，大学本科毕业，1984年至今在中国航天系统科学与工程研究院（前身航天七一〇所）办公室从事文秘工作，现任办公室副主任。

专家观点

1986年1月，钱学森亲手创办的“系统学讨论班”开班了。地点就设在航天部七一〇所会议室。

那时，我还是刚刚到七一〇所工作仅仅一年多的年轻人，对航天充满了神秘感。因为是在所办公室工作，经常接触外面来联系工作或开会的人。我清楚地记得当时经常有一些国内外专家学者到我所来，与于景元副所长等人进行系统工程方面的交流和研究。

“系统学讨论班”开班之初，我们只听说钱老来参加了，但我从没有机会遇见，故而每次讨论班结束后我们几个年轻人都会很遗憾，后来，于景元副所长知道了我们想见钱老的心情就告诉我们，每周二的下午你们就在所办公室门口等着准能够看到。那会，七一〇所还是在二排平房里办公，所办公室在第一排第一间，而会议室则坐落在平房的后面，因此，外边来人到会议室开会，我们办公室是必经之路，从二排平房之间过去，再穿过一个通道才能来到会议室，那里是一座独立的平房院，进门左手是会议室，右手是外宾室。系统学讨论班每周二下午 2：00准时在会议室举行。这样的活动一直持续了七年半的时间。我们因此得以经常能够见到钱老。为了每次能够见到钱老，每到周二的中午一过我们就开始在办公室外边翘首以盼，当远远地看到钱老的身影向这边走来的时候，我们几个又会很羞怯地躲到办公室门后探出头来，当时那种心情现在想想真是好笑，想见又害羞。因为钱老在我们心里太高大、太神圣了。而钱老看到我们，总是面带微笑。时间久了，我们也就会自然地站在办公室门口迎接钱老。多数时间钱老都是在秘书的陪同下，穿着便装精神奕奕、和蔼可亲地向我们轻轻地挥挥手。

就这样在系统学讨论班持续举办的七年半时间里，钱老每周二准时出现在通往会议室的小路上，风雨无阻。直到今天我还认为作为钱老那样一位大科学家，时间对于他来说是何等宝贵，但是他能够持之以恒地坚持作这样一件事，这种精神对于我们来说不是一种力量和启迪吗！

作为一名普普通通的航天人，现在回想当年的场景，仍然历历在目，心潮澎湃，心中充满了自豪。

系统工程思想在国家重大工程论证决策中的实践

作者简介

卢跃，男，研究员，在中国航天科技集团公司系统科学与工程研究院从事经济、社会及重大工程领域的系统工程研究，主持、参与国家科委、发改委、国防科工委、中国工程院的“产业结构与技术进步”、“三峡工程对国民经济影响”、“国民经济信息化”、“我国防灾、减灾、救灾能力综合评价”、“战略性新兴产业培育与发展”等50多项重大课题研究。曾获得部级科技进步奖一等奖2项，二等奖2项、三等奖2项；撰写50多项研究报告及论文。被授予“航天科技集团公司软科学学术带头人”称号。

专家观点

一、“三峡工程国民经济承受能力分析”项目

三峡工程的概念在孙中山的治国方略中最早提出，距今已有近百年的历史，建国后三峡工程得到了中央领导的高度重视，毛泽东还亲自写了一首诗：“高峡出平湖，神女应无恙，当惊世界殊”。对于三峡工程的论证，当时国家组织了几百位专家进行了探索。20世纪80年代，水电部的三峡工程论证小组提请七一〇所研究《三峡工程对国民经济的影响》，这一课题针对的是当时项目论证过程中具有重大

争议的问题。

七一〇所承担这些任务后，组织了专门的研究队伍。经过分析讨论，制定了研究方案，核心思想就是把国民经济和三峡工程置于一个系统中研究，建立多部门投入—产出模型进行定量分析，通过在宝来计算机系统模型运行实施三峡工程和不实施三峡工程两种经济发展的轨迹，分析三峡工程对国民经济发展产生的宏观影响。

七一〇所作为独立的第三方研究机构，不像论证中其他单位局限在水电部门，就工程论工程，而是能够跳出了部门利益，站在国家全局的高度，客观地进行研究，得出的结论和提出的建议不是代表水电部门的利益，而是科学和客观的观点。在这项研究基础上，七一〇所又相继承担了国家“六五”、“七五”科技攻关项目《三峡工程国民经济承受能力分析》的研究工作。

二、“技术进步与产业结构研究” 项目

“技术进步与产业结构”项目是在国家经济刚刚从计划经济向市场经济转变，中国的经济体制处于变革的时期，1986 年国家科委委托七一〇所完成这一课题。但与以往项目不同的是，国家科委同时委托社会科学院、国家计委经济研究所、七一〇所三家单位对这一项目进行背靠背研究，三家存在竞争关系。七一〇的特色在于：一是运用了定量分析和投入产出模型对中国经济发展进行了预测分析；二是运用定量的方法对产业发展进行了分析与评价；三是综合研究经济、人口、技术进步以及环境保护等因素对国民经济发展的影响；四是对技术进步率进行了理论与方法的研究。

在项目的研究过程中，项目组充分吸纳了政府部委、产业部门、研究机构等领域的专家，也得到了钱学森、宋健、马宾等著名专家的指导和大力支持。最后，三家单位将成果联合申报并获得了国家科技进步二等奖。但项目结束后，社科院、计委经济所将研究成果编辑出版；而七一〇所没有及时出版研究成果，这就是目前研究院和其他智库之间存在的差距。所以，建议研究院科技委多争取一些资金，多多鼓励一些优秀成果的出版，提升研究院的知名度和影响力。

专家主要著作或成果

1. 卢跃. 中国科学技术指标2010（第二章）. 科学技术文献出版社，2011.

2. 卢跃. 我国防灾、减灾、救灾能力综合评价. 研究报告，2008.

3. Lu Yue， Wang Kunsheng， Qu Chengyi. Quantitative Study on Macroeconomic Effect for Investment in Information Industrial. 1st International Conference of Nation Information Infrastructure （NII），Beijing. 1996.

4. 卢跃. 三峡工程对国民经济承受能力分析. 研究报告， 1991.

5. 卢跃. 三峡工程对国民经济的影响. 研究报告， 1988.

6. 于景元，欧阳晓明，卢跃. 应用系统工程方法，选择现阶段我国优先发展产业. 系统工程理论与实践. 1990（2）.

7. 于景元，郭孝宽，卢跃. 技术进步与产业结构合理化. 研究报告，1991.

运用系统思维提升研究生培养管理工作

作者简介

段琼，湖南人，本科毕业，曾就职于中国航天科工集团第三研究院、航天卫星应用总公司，现任职于中国航天系统科学与工程研究院人力资源部，主要负责教育培训和研究生管理工作。

专家观点

一、研究生培养管理是系统院整体工作的重要组成部分

系统院是以咨询（主要包括情报、战略、企业管理、航天工程管理等方面）和航天科技信息化为核心业务，以信息技术和系统工程方法为特色、专业性强的高科技研发机构。借助计算机技术和系统工程两大专业的优势和经验，系统院设立上述两个专业的硕士学位授予点、系统工程专业的博士学位授予点，另外，系统院设立博士后工作站。每年招收硕士研究生 12 人，博士研究生 5 人，博士后若干人。为中国航天和国家发展培养了大批优秀人才的同时，也为增强系统院的活力、提升系统院的创新能力做出了重大贡献。因此，研究生培养管理工作是系统院整体工作中的重要一环，对系统院的健康长远发展意义重大。

二、系统院的研究生管理工作要有系统思维

许国志在《系统科学》一书中指出，“系统是由相互制约的各个组成部分组成的具有一定功能的整体。系统功能由结构（元素、关系）和环境共同决定，即：系统功能= 元素 + 关系 + 环境。“系统科学的基本思想以这样一个基本命题为前提：系统是一切事物的存在方式之一，因而都可以用系统的观点来考察，用系统的方法来描述”。系统的观点和方法有以下两点：

1）系统观点是整体和演化的观点。系统是由相互关联的部分组成的整体，在适应环境中发展演化；

2）系统方法是实现整体能力的方法。从整体出发，分解集成，实现整体能力优化。

系统思维是关于整体性的思维，是用系统的观点和方法认识事物和处理问题的一种方式。系统思维帮助管理者以整体的视野去认识事物的复杂性，避免“片面”和“近视”的思维方式。

著名系统动力学专家彼得·圣吉说过：“系统思维将引导一条新路，使人由看片段到看整体，从对现状作被动反应，转为创造未来；从迷失在复杂的细节中，到掌握动态的均衡搭配。它将让我们看见小而效果集中的高杠杆点，产生以小博大的力量”。

“不善谋全局者不足谋一域”。通过不断的学习，特别是经过采访众多系统工程专家，使我认识到必须站在系统院整体发展的高度来对待研究生管理工作。如果陷入繁杂琐碎的具体事务中，仅是完成一些例行任务，就很难保证工作的前瞻性、创新性和有效性。

三、如何运用系统思维提升研究生管理水平

从整体来看，衡量研究生培养管理工作标准就是看是否有利于系统院的发展目标。设计、开展研究生培养管理工作应该围绕提升系统院的核心竞争力来进行。研究生培养管理工作的重点就放在了如何全面提高研究生的系统思维能力、独立开展科学研究的能力和沟通等能力上。

在实际工作中，效运用了薛副院长提炼总结的“六个有”的系统思维方法，

即有目标、有规划、有组织、有纪律、有程序、有效果，来设计完善研究生培养管理过程。主要表现在以下六个方面。

1）明确了我院研究生教育“提升学生综合实力，支撑系统院未来发展”的目标。根据该目标，对研究生的管理教育工作进行了重新定位，研究生管理部既是研究生的管理者，也研究生的服务者，既是资源的提供者，也是资源的整合者。

2）健全研究生培养制度，注重研究生培养的全过程管理。编订了《博士、硕士研究生学习指南》。

3）建立了导师负责制。严格按照国家规定，结合系统院的实际情况，根据学生个人特点并结合各个部门需求制定个性化培养计划、培养方案。以导师为主要责任人，严格审查每个研究生的培养计划、培养方案，并高质量落实。

4）把“系统工程高级课程班”作为研究生培养的重点环节。系统院有钱学森在20世纪80年代创办7年半“系统学讨论班”的辉煌历史，2013年初系统院重启了“系统工程高级研讨班”，名师荟萃的研讨班将会是研究生教育的绝佳的课程形式。“研究生课程班”作为“系统工程高级研讨班”的子目录应运而生，成为了研究生培养的重要环节。

5）整合全国范围内的教育资源，把一年级硕士研究生的基础课程整体委托高校培养。

6）加强研究生学位论文的质量把关，在开题报告、中期评审、论文答辩的关键环节由科技委委员把关审核。任何一个环节不合格者不能进入下一个环节。

四、总结与展望

正是在院领导的关心帮助下，运用了系统思维，研究生培养管理工作得以有条不紊、卓有成效地展开。虽然研究生管理工作都是一个个琐碎的小事，看似杂乱不堪毫无章法，但是运用系统思维，统筹规划，就会产生1+1>2的整体效果。我院长期以来将系统工程和信息技术作为自身发展的专业支柱。研究生管理部重任在肩，在这两个学科上全力打造世界顶级智力交流平台。借此平台，可吸引海内外英才；桃李天下，系统院事业尽得襄助，为“支撑航天、服务国家”之使命，跻身一流智库奉献应有的力量。

系统工程在社会建设和工会工作中的应用

作者简介

苏文帅，男，历史学学士，哲学硕士，中国航天系统科学与工程研究院系统工程博士生，现供职于中华全国总工会。曾为中华孔子学会理事、中国价值哲学学会理事、国际儒学联合研究会理事，致力研究先秦儒学研究和人性伦理分析。国务院新闻办核心评论员、人民网、新华网、光明日报等媒体特邀评论员，先后在《中国党政干部论坛》《学习时报》《光明日报》《工人日报》等主流媒体上发表200多篇文章，在各类学术期刊发表20多篇学术论文，现主要从事社会系统工程理论和工会理论研究，主张用系统工程理论和方法进行社会建设和社会管理，并在工作实践中运用系统工程理论方法从事工会工作。

专家观点

中国的最大问题是利益格局的失衡，而这一问题就必须要在系统工程视野下解决。为此我提出“人类社会就是基于利益博弈而运行的复杂巨系统”的观点以及相应的技术和方法，并在工会工作中推广应用，已经取得了初步的成果。我在代表全国总工会参与国务院涉及职工社会保障政策调研、制定中，主张和运用系统工程理论进行政策研究和制定，多次运用系统工程理论撰写的关于职工权益保障方面的报告得到习近平、李克强等中央领导同志的重要批示。特别是在参加与卢森堡等欧盟国家、国际儿童基金会等国际组织合作和交流中，也多次建议在国际事务领域中也应该在系统工程视野下对经济社会发展和社会保障政策进行统筹。

一、用系统工程视野做好顶层设计

钱学森同志在运用系统工程技术和方法解决了中国航天科学问题的基础上，极力主张和推广系统工程思想在社会领域方面的运用，并创造性地提出了总体设计部观点，这也是如今“顶层设计”思想的前身。钱老的这一思想具有超前性和前瞻性，事实证明，运用系统工程思想是可以且科学合理地解决社会领域的定性和定量分析问题。当今中国社会的发展迅速，但也遇到了很多问题，而目前很多地方政府部门在解决实际问题中往往是“头疼医头、脚疼医脚”，并没有运行系统工程思想来统筹规划，这里面既有着地方利益、部门利益的介入，也与地方政府管理者们缺乏系统思维有关。所以要想真正让中国能够实现中华民族伟大复兴这一中国梦，首要的就是要解决的是管理思维的问题。欣喜的是，此次十八届三中全会通过《中共中央关于全面深化改革若干重大问题的决定》，本身就是用用系统的思想和系统工程的方法来看待并解决社会问题。其中内容涵盖 15 个领域、60 个具体任务，对中国未来十年的改革开放和发展作出了一个纲领性的规划，改革力度前所未有发布，而且其框架的构建符合系统工程的方法。

人类社会是以人为中心，基于利益博弈而发生各类活动产生的复杂巨系统。人类社会一切活动是以人为中心，利益是整个社会系统的逻辑起点和系统支撑，处于核心地位。所以研究人的需求和协调人与人的利益关系是研究社会系统运行的基点。人类社会的一切矛盾是资源的有限性和人的需求无止性矛盾。人类社会的发展是人类不断追求利益（即资源满足需求）的过程，一方面，人们就如何增加社会资源发生各类活动，另一方面，人们之间就资源如何分配发生社会关系。也正如此，便产生平等和竞争、公平与效率、制度和道德问题。人类同时为了追求资源满足需求，一方面与外界环境发生联系来取得资源，另一方面就资源如何在社会成员间分配而发生联系，同时由于资源的有限性，人自身还需要就需求的调控影响着自身身心关系，也就是人类社会的关系主要是三重关系：人与自然关系、人与他人（社会）关系、人自我身心关系。在这三种关系中，又衍生出经济、政治、文化、民生（社会管理）、生态等系统。

社会系统由经济、政治、文化、社会（民生）、生态等子系统构成，并且各子系统是相互联系、互相制约，遵循着一定规律运行。人类在社会系统的功能及其与其他子系统的相互关系：人类利益问题是整个社会系统的逻辑起点和系统支撑点，它处于整个社会系统的核心地位，其他子系统都是在不同的层次和角度与人类相关联。一方面，人类通过自身劳动促进资源的增加和控制自身需求，以保证整个社会系统再生产的正常进行；另一方面，人类也要从经济系统中汲取能量，受政治系统和文化系统的影响，并且在生态系统和社会控制系统的制约下进行各种活动。

二、用系统工程视野解决社会系统问题

社会系统呈现动态、开放、复杂的特征，这些特征是社会系统内部结构变化原因，也是需要不断通过政府治理和公共服务协调人们利益的直接动因。社会系统有两种运行状态，一种是社会子系统之间保持相对的均衡与协调，从而实现社会的良性运行；另一种是社会子系统之间的不协调，不能很好地满足社会大系统运行的需要，例如社会的经济系统发生变迁，而社会的政治、文化、社会（民生）等没有相应的变革，社会结构失衡，从而社会生活呈现非良性运行的状态。我们要构建的和谐社会就是要追求社会政治、经济、文化和社会（民生）的相互协调，保持社会有序和谐的发展。社会管理主要是政府和社会组织为促进社会系统协调运转，对社会系统的组成部分、社会生活的不同领域以及社会发展的各个环节进行组织、协调、监督和控制的过程。

社会管理是保持社会系统平衡运用和优化社会（民生）系统的有效控制方式. 通常大家听到的有三个名词，社会建设、社会管理、社会服务。广义上，三者是一回事，是指对保持社会系统运行的控制模式，既包括对社会系统各结构的协调，也包括系统与外界环境的协调。狭义上，社会建设就社会系统而言，主要是社会协调（阶层利益的博弈）、社会保障、社会控制、社会服务等。社会管理主要是指社会控制，就是指协调关系、化解矛盾、规范行为、应对风险。社会服务

则是指为全体成员提供公共服务（包括社会保障）。社会管理基本任务包括协调社会关系、规范社会行为、解决社会问题、化解社会矛盾、促进社会公正、应对社会风险、保持社会稳定等方面的核心是协调各种社会群体之间的利益矛盾与冲突，优化社会结构，保持社会秩序。社会结构包含人口结构、家庭结构、社会组织结构、城乡结构、区域结构、就业结构、收入分配结构、消费结构、社会阶层结构等若干重要子结构，社会结构转型是影响资源配置与经济发展的另一只“看不见的手”，它既是经济增长的结果，也是社会变革的推动力量，同时也是促进经济发展的重要力量。抓住了社会结构的调整，就抓住了社会系统的核心。

从当前的新的改革方案来看，党中央正在由原来对个体问题的解决转向全局的问题统筹，可以说这次改革是在系统思维视野下决定的，如同《决定》提出的“必须更加注重改革的系统性、整体性、协同性，加快发展社会主义市场经济、民主政治、先进文化、和谐社会、生态文明”。从《决定》内容来看，既考虑了改革的目标、计划、途径，也提出了改革的力量、纪律以及效果评价。从总的来看，系统工程理论是全面深化改革的理论依据。要把改革真正切实落实，也必须要在系统工程视野下进行。首先解决政府治理思维问题，必须用系统工程的思想来进行社会管理和公共服务。其次是明确改革的主体，理顺政府和市场的关系、公众参与与社会的关系。政府与社会关系的核心是建立合理的利益格局。第三要强化改革的手段，通过科学的制度、完善的机制和高科技信息网络平台实现智能化、规范化管理。第四要优化改革目标，建立科学的资源优化配置机制和均衡的利益格局，为社会成员提供均等的发展机会。最后要创新社会管理模式，完善“社会协调、社会保障、社会控制、社会服务”四位一体格局。

中国工会是目前世界最大的工会组织，也是最大的社会组织，拥有着 2．8 亿会员，那么在这个信息化时代，如何更好为这么一个庞大的会员群体服务，如何更好地保障职工的合法利益和职工队伍稳定，就必须要在系统工程思想视野下来考虑中国工会的发展方向，统筹考虑工会的定位。在具体工作实践中，运用系统工程方法可以解决工会工作和社会保障工作中很多问题。2008 年我开始主持负责全国工会帮扶工作管理系统软件的开发。目前，该系统拥有 4 万多用户、涉及 1400 多万职工的信息。

专家主要著作或成果

1. 工会保障工作概论. 中国工人出版社，2012.
2. 工会帮扶工作概论. 中国工人出版社，2009.
3. 温暖之路. 中央电视台，2012.
4. 社会建设必须始终贯彻“以人为本”. 工人日报，2011.
5. 工人阶级核心价值观有利于充分体现工人阶级主体性中国党政干部论坛，2013.
6. 社会管理的根本目的是增进人民的福祉. 人民网，2011.
7. 工会参与社会管理的原则. 中国工运，2011.
8. 服务职工在基层活动的理论依据和实践启示. 中国工运，2012.

HWME 中支持群体思维创新的方法工具研究

作者简介

夏曦，女，1983 年生，湖南人，中共党员，博士后。2001—2005 年在武汉大学攻读本科， 2005—2010 年在中国科学院数学与系统科学研究院硕博连读，获博士学位。2010—2012 年在中国航天系统科学与工程研究院博士后工作站工作学习。

专家观点

复杂系统的研究已经成为管理科学、系统工程、信息技术等研究的热点，并已经形成一个新的研究领域——复杂性科学。复杂系统研究的一个重要问题是方法论问题，以及在方法论指导下的具体研究方法与途径。在群体研讨环境及其支持工具方面，国内学者开展了大量的研究和开发工作。夏曦博士后在系统院博士后工作站期间，进行了综合集成研讨环境中支持实时、按需、最优决策的方法工具研究。为了了解本项研究的主要内容和创新成果，系统院科技委王海宁、郭亚飞、院研究生李琳斐、王为等人对夏曦博士后进行了访谈。夏曦博士后详细介绍了 HWME 中支持群体创新思维的方法、工具研究情况，具体内容如下。

一、HWME 中支持群体创新思维的方法、工具研究的背景

目前，社会、经济、政治和军事等各领域都存在大量的复杂决策问题。这些复杂决策问题呈现高度的不确定性、复杂性、动态性等特点，是典型复杂巨系统问题。认识、把握和应对这些问题，涉及多领域、多学科、多层次等方面的研究和综合集成，迫切需要社会科学与自然科学、定性研究与定量研究、宏观研究与微观研究、个人能力与集体智慧创新、人与计算机等的有机结合和有效集成。从定性到定量的综合集成方法对这些复杂问题的决策研究，开辟了一个新的科学领域。

20 世纪 90 年代初期，以著名科学家钱学森院士为首的我国学者提出了研究开放的复杂巨系统的方法论“从定性到定量综合集成法”，简称综合集成（Meta-Synthesis）。综合集成方法的实质是把专家体系、信息和知识体系以及计算机体系有机结合起来，构成了一个高度智能化的人—机结合、人—网结合的体系，形成人类智慧、知识、技术之大成，以获得对系统整体的认识。

1992 年，钱学森进一步提出了综合集成研讨厅的构想，Hall of Workshop Meta-synthetic Engineering，缩写是 HWME。他期望利用信息技术的进步协助综合集成方法的应用，通过集成定性和定量知识以及人机结合的方式解决非结构化问题，完成思维科学中“提高人的思维能力”的问题。

目前，决策过程越来越具有动态性和复杂性。综合集成研讨厅或群体决策研讨支持系统的目的是为复杂决策问题提供有效地支持。群体研讨提供了一种机制，而众多专家成员的参与产生了大量信息，群体成员通过共享和交互信息来改善决策效果。在研讨过程中，群体成员围绕着某一议题，通过发言来交流信息，进行协商，展开辩论，寻求一致或者妥协，最终做出决策。

HWME 强调人机结合过程中以人为本的积极作用，能促进知识创新和知识发现，被认为是人机结合的信息处理系统、知识产生系统、智慧集成系统。被视为适合于群体研讨的群体决策支持系统更先进的形式。它是处理开放复杂巨系统及其相关问题的方法论的实践平台。因此，可以说，综合集成方法论及其研讨厅将专家研讨在决策过程中的作用和地位推向了更高的理论研究层次。

虽然国内外相关领域的科学研究已取得了一些成果，但是对于综合集成研讨厅和群体决策的研究目前还处于丰富和发展的初级阶段，还有许多不足之处。还

需要解决以下问题。

1）随着复杂决策问题的种类和数量的日趋增多，对解决复杂决策问题和任务的方法的需求和标准也越来越高，为复杂决策问题的求解提供了新的挑战，需要一套更体系化和指导意义的研究方法和复杂决策问题求解模式。

2）目前已有大量关于辅助群体研讨在问题求解过程中思维生成和辅助决策的各种方法工具的研究，但真正从用户需求出发，深入开展用户需求分析，随着需求不断变化而动态调整策略，并且为用户做出最优决策提供实时支持的工具还很少。HWME 和群体研讨决策支持系统中，需求研究和设计相关的工具。

3）可视化技术将群体研讨过程中所产生的海量信息以及信息之间的关系进行直观呈现，许多专家学者已对 HWME 中的研讨信息可视化开展了大量研究，但仍有很多不足，我们有必要探索更多的可视化技术，来丰富信息的表现形式，促进知识共享和思维创新，为群体科学决策提供支撑。

4）在研讨过程中，专家往往需要相关主题的文献资料进行参考。特别是针对周期相对较长的项目的研讨或者需要展开多轮研讨时，专家有充分的时间和准备来阅览和消化一些参考资料。因此急需一些辅助工具从海量资料中优选出最合适当前研讨进程状态的文献资料，并个性化推送到与会专家的面前。但当前的 HWME 和群体研讨决策系统相关研究中很少有涉及文献推送和个性化推荐的研究与辅助工具的设计。

针对这些问题，相应的对策应从方法层面、工具层面和系统层面等多个层面展开研究。一是从方法层面上提出“可视化—见解—决策”循环反馈式复杂决策问题求解模式；二是从工具层面上分别提出两个核心工具：可视化工具设计和文献推荐机制；三是从系统层面提出支持群体研讨思维创新 HWME 系统设计与部分实现。

二、从方法层面上提出“可视化—见解—决策”循环反馈式复杂决策问题求解模式

复杂问题具有开放性、不确定性、复杂性和动态性。这些特征在很大程度上增加了人们进行理性决策的难度。针对求解复杂决策问题的特征，创新运用综合

集成方法论，提出“可视化—见解—决策”这一循环反馈式的求解方法。

通过研讨辅助工具统计群体交互信息、挖掘研讨文本、推送参考文献，将信息数据和知识以多种可视化形式表达，使研讨成员“看”到信息特征、研讨进程和焦点问题，从而减少专家对决策问题认知的时间，加强群体共同感知，消除群体对问题的分歧；在此基础上，有助于专家形成研讨行为认知，传输和分享见解、态度、观点等；进一步引导群体响应，影响决策；再通过决策反馈来更新信息，形成实时动态的知识可视化表达，循环反馈式的对复杂问题寻解。

“可视化—见解—决策”这一循环反馈式的求解模式的技术特征体现在以下三个方面：借助于HWME或群体研讨系统、可视化技术的应用和开发、循环反馈式的运行模式。由此看出，该求解模式是创新应用综合集成方法论的具体体现：从定性到定量，定性定量相结合的研究方式贯穿问题求解全过程：对定性的专家研讨信息和决策信息进行数据分析和处理，通过定量分析和定性提炼，形成定性定量相结合的知识呈现，并将这些不可见的信息，以可见的形式展现出来，促进了知识的共享和思维的创新。同时，由于可视化呈现的是对定性的研讨信息进行定量分析和归纳后的结果，使得与会专家能把握研讨的整体思维走势，又梳理了专家的逻辑思路，从系统的、全局的角度看问题，尽量保证研讨不偏离，避免无效或低效的研讨沟通。

1）在问题求解过程中应用系统思想把多种学科结合起来综合研究。同时，从系统的角度，通过形成知识沉浸式环境、可视化环境来影响整个环境，影响场，用以激活个体的思维，促进创造性思维的形成，达到对研讨团队整体的决策效果的影响。

2）通过循环反馈的形式，使得系统得到螺旋式不断提升和优化。

三、从工具层面提出研讨信息可视化工具设计

1）可视化需求：群体研讨过程中往往产生大量信息，并且这些信息之间的关系没有一个直观的表现形式，因此与会人员容易被海量信息淹没，难以把握研讨主题的整体走势。同时，由于与会发言者之间的文化背景等方面的差异，容易在研讨中造成“知识断层”。而单一的信息表现形式，无法促进创造性思维的产生。

2）可视化的作用：信息表现形式是影响决策过程的首要因素。研讨信息可视化有助于缩短专家对决策问题认知的时间，促进群体成员相互学习从而更快达成共识。可视化可以激发研讨专家联想，提高群体研讨整体创造性，促进创新思维的形成。它提供一种信息统计功能，提高群体沟通有效性，有助于消除群体对问题的分歧。因此，作为一种辅助决策的手段和工具，研讨信息可视化能直观地呈现群体研讨中的信息以及信息之间的关系，有助于为克服群体交流中的信息过载和认知负担提供很好的支持。

3）国内外也有不少专家学者在该领域开展了研究，所提出的研讨信息可视化能够很好地解决传统的可视化技术带来的局限，但仍有很多不足。比如，研讨信息分析智能化程度不高，只有一些基本的研讨信息统计，也没有对专家的参与程度进行量化建模可视化。因此，比较全面地分析了群体研讨信息的类型，重新设计了可视化工具集。按照可视化对象和手段的不同，将可视化模型分为两大类，一类是通过统计群体交互信息并以图表的形式进行展现，另一类是通过挖掘研讨文本将知识可视化呈现。

（1）第一类群体交互信息统计可视化

立场对比：实时统计截至当前时刻，各立场观点的人数占比情况，并用柱状图的形式展现各个立场的对比。

贡献率：为了定量判断与会专家在研讨中的贡献大小，需要对专家在研讨中的影响力进行量化分析，并以图表形式展现，直观显示在群体中各个专家的相对贡献大小。要衡量专家在研讨中的影响力，需要考虑的指标至少有两个：专家的发言频率和发言受到的关注度。

h 指数：2005 年，Jorge E. Hirsch 提出了一种评估科学家个人研究绩效的新指标——h 指数，能够同时对论文产出力和引文影响力进行测量。其定义为，“一个科学家的 h 指数是指在该科学家的 N 篇论文中，最多 h 篇论文每篇论文的引文数最少为 h 次”。该想法在物理学界和科学计量学的文献中都获得了正面的评价。文献计量学方面的两篇文章证实 h 指数与其他一些“有意义”的文献计量学指标存在相关性。

在研讨结束后，可以通过柱状图对比展示所有专家的贡献率，通过贡献率图充分展示专家在研讨中的影响力的量化分析。若针对某一主题开展多次研讨，综合展示可以呈现出个体的贡献成长曲线。

（2）研讨文本挖掘可视化

专家网络：网络图：圆点（专家编号）圆点面积（专家贡献度）边（专家之间的兴趣相似度或关注程度）；采用聚类分类算法进行子群划分，布局算法等可视化显示。

共词分析：构建步骤：统计高频关键词对、计算共现强度、构建共词矩阵、共词网络。通过对这些关键词进行相关分析、聚类分析、因子分析、多维尺度分析等一系列分析并可视化展现，能更客观、深入地揭示该主题下的研讨关注热点和趋势。

思维演化路径：折线图：横坐标（时间）纵坐标（研讨主题高频关键词的关注度）

通过专家网络和共词网络促进不同专家群体之间的相互理解和分歧消解，并展示研讨中群体关注热点和趋势，通过思维演化路径图展示群体思维的动态走势。

问题需求：在研讨过程中，往往需要相关主题。有价值的参考文献可以积累形成一个知识沉浸式环境，从而促进与会人员的思维创新。特别是在周期相对较长的项目中，专家有充分的时间阅览和消化一些参考资料，但又急需辅助工具从海量资料中优选出最合适当前研讨进程状态的文献资料，并个性化推送到他们的面前。HWME 和群体研讨决策系统中很少有涉及文献推送和个性化推荐的研究和辅助工具的设计。

对于该问题有些直接的求解想法。其一，直接应用其他推荐系统的模型。不过，存在“冷启动”。其二，评价最高兴趣最大的参考文献未必是求解问题最需要的。

ORDM：针对前文提到的问题，提出一个综合集成研讨厅的有效辅助工具——按需动态推荐机制（On-Demand Dynamic Recommendation Mechanism，ODRM）

提出群体研讨环境下的 ODRM 的目的是为了提供有价值的、动态的、可度量的推荐，并最终形成一个知识沉浸式环境，以支持知识共享，促进知识创新。目标包括以下几个方面。

1）为了形成个性化推荐，提出通过同时考虑内部和外部因素分析用户需求，记录用户对推荐信息的偏好反馈，并基于此建立下一次推荐列表。因此，更好的理解用户需求，增加用户满意度，最终促进研讨进程。

2）为了形成动态推荐，通过与会专家当前发言提取用户特征，专家发言表达了其当前观点和思想，但随着群体研讨进程可能会变化，因此与发言越相似的文献，与会专家与其共有的兴趣点越多。这也保证了推荐迭代反复的满足用户不断变化的需求。

3）为了可量化评价推荐效果，评估每次个性化推荐的影响程度。在会议结束后，推荐机制的整体效果是所有用户对推荐评价的平均值。

ODRM 框架图描述了按需动态推荐机制的整个过程。分为四个阶段：生成特征集，偏好与需求提取、生成推荐，以及更新。其中，前三个阶段组合成了一次推荐过程，最后一个阶段保证了推荐的动态更新，以满足用户不断变化的需求。

阶段 1：提取用户特征和文献特征

用户特征集和文献特征集分别由两部分组成。用户特征集中，第一部分是由用户发言形成的向量，第二部分是该用户对文献中所有关键词的评价向量。文献特征集中，第一部分是文献特征形成的向量，第二部分是一个由布尔变量组成的向量，表示该文献中包含了哪些关键词。

阶段 2：用户偏好提取

从用户和文献相似度以及用户对推荐的反馈信息中提取用户偏好。

阶段 2：用户需求提取

为了更好地获取用户需求，需要分析相关因素。与研讨主题密切相关的文献很有价值，能帮助与会人员更好的理解议题。另外，用户立场也可以用于提取用户需求。用户的研究背景同样反映了其在哪些领域更需要或者更不需要相关信息。

我们提出一种群体研讨环境下的需求分析方法，称为 ANSO，通过分析内部和外部因素（包括当前研讨主题或研讨热点，用户对主题的当前立场—支持、质疑或反对，专家的研究领域与主题领域的关系等等）提取用户需求。

阶段 3：基于发言的推荐

推荐原则是与用户发言越相关的文献越应该被推荐，评分越高的文献越应该被推荐，需求度越高的文献越应该被推荐。这是因为，相似度反映了共有的兴趣，高评价反映了兴趣偏好，而需求反映了信息的价值。

推荐生成有 3 种模式。首先是基于发言的推荐。对特征集的第一部分采用贝叶斯分类器。

阶段 3：基于反馈的推荐

第二种是基于反馈的推荐。对特征的第二部分采用基于商品的协同过滤方法可生成推荐。

第三种是基于需求的推荐。根据由 ANSO 分析得到的 4 类需求，可建立基于需求的推荐。不同的推荐模式与不同的需求相匹配。

最终的推荐，可以优选以上三个推荐结果之一，也可以是三者的综合。

阶段 4：更新

该阶段，系统识别并记录用户对于之前推荐的反馈行为，定量计算个性推荐的影响效果，更新用户特征集和对用户需求的分析。

四、HWME 中支持群体创新思维的方法、工具研究的创新点

HWME 中支持群体思维创新的方法工具研究，主要创新点如下。

方法层面上，创新运用钱学森的综合集成系统方法论，指导项目各阶段任务的完成，并通过系统的、综合的问题分析，提出研讨过程中“可视化—见解—决策”，这种“以专家意见和决策可视化呈现，促进创造性见解的生成，进一步引导专家群体有效决策”的循环反馈式复杂问题求解模式。

工具层面上，设计丰富的可视化工具将研讨过程中信息、专家意见进行动态综合和可视化呈现，促进创造性思维的产生。研究研讨意见定性到定量的转化，有助于 HWME 中意见综合以及共识水平、贡献率趋势等指标的计算，实现研讨状态的优化控制和对研讨全过程的连续管理。建立专家行为和心理的特征提取与挖掘模型，分析研讨过程中专家兴趣与需求的动态变化，按照专家需要处理原始信息和研讨信息，提出研讨过程中按需动态推荐机制。

系统层面上，设计出支持群体研讨思维创新的综合集成研讨厅系统的体系结构和主要功能等，并部分实现了系统的相关关键模块。

新时代要求系统工程新提升

作者简介

郭亚飞，毕业于清华大学，硕士研究生学历，现任职于中国航天系统科学与工程研究院科学技术委员会。曾作为主要研究人员参与了“总装‘十一五’预研项目”、“国防‘十二五’探索项目”、国家973、863等国家重大项目十余项，受到过教育部科技进步一等奖等奖励，在国际会议和核心期刊上累计发表论文20多篇。

专家观点

十八届三中全会胜利召开，为我国全面深化改革绘制了新的蓝图，这也为系统工程的发展提供了新的机遇。回顾系统工程在我国的发展历程，展望系统工程的明天，系统工程将大有可为。

一、中国系统思想源远流长

早在公元前一千多年前，我国古人就用朴素的系统思想看问题，易经把世界看成一个由基本要素构成的系统整体，以代表天地的乾坤二卦作为起始形成八卦，八卦重叠形成六十四卦，从而形成了概括天地间万事万物的世界体系。春秋战国时期，诸子百家，人才辈出，思想文化格外繁荣，系统思想也在我国广泛应用和发展，鬼谷子思想、中医理论、都江堰工程都是系统思想的典型体现。伴随着人类社会的发展，系统思想也在不断平稳发展，直到马克思主义哲学传入中国，国人开始用现代系统思想看问题，但由于很长一段时期内中国都处于战争状态，所以系统思想也多体现在战争中，毛泽东思想就富含了丰富的系统思想。

二、中国系统工程在社会实践中诞生并发展

20 世纪 40 年代系统工程在国际上正式提出， 60 年代在西方出现了系统科学和系统工程热，但直到 1978 年，钱学森在对早期航天实践深入总结和提炼的基础上，通过与许国志、王寿云等同志深入探讨后，在《文汇报》上发表了《组织管理技术——系统工程》一文，才较为明确地定义了对中国系统工程的早期认识，在国内引起了强烈反响。在他的大力推广下，在社会需求的强大推动下，系统工程开始在国内广泛传播和发展，一大批学者开始了系统工程的理论研究和广泛实践。根据当时国家经济改革和宏观决策需要，宋健、于景元、蒋正华等开展了“中国人口问题的定量研究和应用”，为党和政府制定人口政策和人口规划提供了重要科学依据，并在理论上创立了具有中国特色的人口系统学。原天津大学管理学院院长刘豹等开展了“研究系统工程学——解决系统的最优设计，最优控制和最优管理问题”，总结出，“系统工程是解决大系统最优规划、最优管理和最优控制问题的一种技术”，并在能源系统工程方面做了大量研究，为制定国家能源系统的有关政策提供了科学依据。原西安交通大学校长汪应洛院士等开展了“人才规划的系统分析”等研究，也为国家制定相关战略发挥了重大作用，并在理论上总结出“用定性与定量相结合的系统思想和方法处理大型复杂系统的问题，无论是系统的设计或组织建立，还是系统的经营管理，都可以统一地看成是一类工程实践，统称为系统工程”。中国自动化学会理事长戴汝为院士等开展了“人机结合的综合集成体系”的预先研究，构建了人机结合综合集成研讨厅雏形系统，强调人工智能在系统工程中的重要作用。原国防科工委副主任栾恩杰院士等进行了大量的航天系统工程实践，并在理论上提出了，“系统工程是对工程系统所要达到的目标及实现该目标的措施进行整体研究，并对工程系统进行建造及运营的过程”，强调“运行”。原大连理工大学管理学院院长王众托院士在对信息化与管理变革深入研究的

基础上，创建了知识系统工程的新学科，既开辟了一个研究的新天地，也推动了系统工程学科本身的发展。中国航天系统科学与工程研究院副院长薛惠锋在对资源系统工程、人生科学发展系统工程、环境系统工程等领域系统工程深入研究和实践的基础上，认为“系统工程是利用一切可以利用的思想、理论、技术、模型和方法将系统状态由现状层提升到目标层的综合集成”，强调，“系统工程关键在于‘提升’”……系统工程被广泛应用到了经济、军事、航天、生态等诸多领域，思想上也呈现出百家争鸣的局面。

三、时代召唤系统工程综合提升

今天，世界多极化和经济全球化趋势深入发展，科技进步日新月异，世界经济总体保持增长，人类面临难得的发展机遇，这也为系统工程的发展提供了新的土壤。当前我国改革已进入攻坚期和深水区，各方面的矛盾和困难重重，面临着贫富分化、城乡差异等诸多困难和问题，进一步深化改革就需要进行顶层设计和总体规划，正如习近平总书记在十八届三中全会上所说“改革开放是一场深刻的全面的改革，每一次改革都会对其他改革产生影响，每一次改革又都需要其他改革协同配合。更加注重各项改革的相互促进，良性互动，整体推进，重点突破，形成推进改革的强大合力”，这就为系统工程的发展提供了新的要求。

目前，系统科学和系统工程已被广泛应用于多个领域，形成了航天系统工程、知识系统工程、军事系统工程、社会系统工程等领域系统工程，但由于研究的具体对象不同、从事的具体任务不同、认识问题的角度不同，大家在对系统工程的认识也表现出了不同倾向，这就需要进一步完备系统科学与系统工程的理论体系，将系统科学和系统工程理论研究提升到哲学层面，进行更深层次探索，梳理系统科学与系统工程的发展脉络，探究系统科学与系统工程的发展规律，正如中国运载火箭研究院原常务副院长吕级三所说：“从不同的专业领域考虑，系统工程有着不同的定义，但是他们有着共同的思想体系，我们可以将系统工程的提出和发展再提升到哲学层面，进行一个全面、准确的归纳，从而指导各个行业、领域的工作。系统工程的有效运行必须要有科学的理论支撑。没有科学的理论做支撑，就没有说服力，就难以保证系统工程的有效性。从原理上都不能说明白，谈何有效性。”

专家主要著作或成果

1. 覃征，郭亚飞，等. 电子政务导论. 清华大学出版社，2010.

2. Yafei Guo，Zheng Qin，Ronghua Guo，Lei Ji. SH: A Novel Method for the dynamic and Shortest Path Problem. A advanced Materials Research Journal，2010. （ EI） .

3. Yafei Guo，Zheng Qin，Yang Chang. A Novel Hybrid Algorithm for the Dynamic Shortest Path Problem. The 6th International Conference on Natural Computation. 2010. （EI） .

4. Yafei Guo，Zheng Qin，Ronghua Guo Lei Ji. A-ACO Algorithm with Application on Vehicle Navigation System. ICMEIT09. 2009. （EI） .

5. Lei Ji，Zheng Qin，Yafei Guo. Visual recognition using locality sensitive clustering. The 5th FTRA International Conference on Multimedia and Ubiquitous Engineering. 2011. （EI） .

6. Yafei Guo，Junjie Hou，Shengyou Shi. Research of process experience knowledgebase oriented to typical aerospace product. 2nd International Conference on Electric Information and Control Engineering. 2011（EI） .

7. 郭亚飞. 面向海量目标模拟器的最优路径算法研究与实现. 全国优秀硕士论文集. 2012.

8. 郭亚飞，侯俊杰，石胜友. 面向典型宇航产品工艺知识库研究. 计算机科学. 2012.

9. 覃征，郭亚飞，等. 秦皇岛市信息化发展战略规划（上，下）. 2009.

系统工程是一门科学

作者简介

鲍磊，男，中国航天系统科学与工程研究院2011届硕士研究生，中国航天社会系统工程实验室成员，既有计算机学科相关技术背景，又在此基础上进行系统工程相关研究，善于把自身扎实的技术基础转化为科研优势，正在探索将软件工程和数据挖掘等技术应用在社会系统工程研究领域和当前社会治理体系上。主要研究方向是社会系统工程，系统工程学科完备化、理论系统工程，软件工程，数据挖掘等，特别是在理论系统工程和系统工程学科完备化相关方向有较深入研究，在软件工程和数据挖掘方面也有一定研究。

专家观点

系统工程在航天等诸多领域都取得了巨大成功，但同时作为学科的系统工程在自身理论层面的发展也面临着系统化、体系化的挑战。学科思想史、发展史的梳理，学科定位和理论体系的构建，从理论角度对系统工程地位的阐释，系统工程学科发展走向，当前学科研究重点领域；系统工程是不是一门科学，如果是，其理论体系框架是什么，等等。对这一系列问题的研究，中国航天社会系统工程实验室做了扎实细致的工作，取得了一系列重要进展，提出了“理论系统工程”这一新概念，并认为，系统工程不仅是一种方法技术，也是一门学科，更是一门科学。

一、系统工程不仅是一门学科，也是一门科学

系统工程作为方法技术或者学科的地位，是在其半个多世纪的发展中得到逐渐认可的。同时，由于钱学森等人曾将其称为一门组织管理的技术，导致有人据此认为，系统工程的定位只是一门技术，不存在学科或者科学体系的说法。但是，经过认真梳理系统工程的定义、内涵、发展史和理论体系，我们认为，应当在强调理论系统工程应用性质的同时，认识到，但随着自身发展，系统工程朝着系统化、体系化的方向发展，有其自身的独立性和别的学科不可替代的理论体系和演化逻辑，乃至于已从学科、学科群发展成为一门科学，它具备“科学”这一体系所有必要的要素。

二、应当从理论视角确立系统工程学科定位并构建其框架体系

系统工程实践领域发展迅速而理论层次发展相对不足，学科体系框架不够完整，定位不够清晰，学科发展曾出现波折，而当今信息和互联网社会对系统工程破解难题的需求却在加大。这些矛盾的解决，需要从更宏观层次，即整个学科科学发展的层次来思考其前进方向的问题，从理论的层次和角度构建学科科学发展的框架，故而提出“理论系统工程”这一学科，它是系统工程理论研究的哲学提升，是系统工程科学发展的指南，是着眼于整个系统工程学科框架搭建、研究重点和发展方向的宏观研究。

系统工程学科框架体系的搭建是一个不断完备化的动态过程，在此过程中不可避免要涉及到学科内涵的准确把握、科学合理的学科定位、框架的科学性开放性和系统性等问题。这些问题的系统梳理和研究，对于澄清当前学科发展的种种误解乃至于学科方向与重点的把握，都具有基础性和方向性作用。

三、系统工程学科不仅仅是系统科学的应用层次

系统工程是一门学科，也是一门科学，它不再仅仅是系统科学的应用层次。现代系统工程应当努力跳出具体的领域，提炼处理超领域一般性或者复杂的人与

外部环境构成的社会系统难题的原理、方法等；同时从现代系统科学研究重点的变化和系统工程本身需要解决的问题以及当下中国国情来看，应当将系统工程研究重点转向社会系统工程，在破解最复杂的社会系统难题的过程中，把系统工程本身的发展也提升到新层次，并努力有所突破和创新。

同时，由于当代学术研究的进步，科学技术工程三元论等观点得到逐步确立，系统工程作为产生于实践的工程学科，它与科学（理论）学科和技术学科是相互独立的，甚至于钱学森也曾专门探讨过科学、工程和工程科学之间的联系与区别。在结合上述学科方向和重点的种种变化，日益发展壮大的系统工程应该从系统科学的应用层次转变成一门有自己的思想理论、方法技术和工程实践知识的完整学科体系，这个转变是必要的，适时的，是学科发展的自然规律。

作为系统院重点实验室，中国航天社会系统工程实验室自从在钱学森先生亲自关心下成立以来，在梳理系统工程学科发展史、深入研究系统工程原理并用来指导当前学科发展等方面，做了大量开创性工作。

实验室在理论系统工程、系统工程学科体系完备化、航天信息化、航天立法等领域的研究方面，都取得了重要研究成果或者进展。实验室的各位成员都有相应的研究重点和方向，硕士研究生鲍磊在学习研究中重点关注系统工程学科完备化和理论系统工程相关研究，并取得了一定的进展和成果。

四、理论系统工程不同于系统工程理论

理论系统工程并不同于系统工程理论。前者是后者相关研究的哲学提升，具体来说，理论系统工程是解决系统工程学科定位、历史发展规律、科学发展和一般性理论原则等问题，研究对象是系统工程；而后者是系统工程基础理论和专门理论的总和（钱学森分类），包括基本理论、关联理论、支撑理论等，很多是各系统工程专门领域已有的理论。

之所以提出理论系统工程并区别于系统工程理论，重在强调系统工程整个学科体系科学发展的研究，理论研究的哲学提升，而不再是强调某种具体领域或技术的理论——尽管这些系统工程的具体理论是重要的。只有如此，才能清晰地提出系统工程学科被忽略的一面：理论体系构建和哲学提升以及学科本身科学发展等

问题，二者并不在一个研究层面上。

五、理论系统工程研究应该主要关注一般性问题的处理原则和方法

由于理论系统工程关注整个学科理论体系的框架而不是具体领域或方向，其研究内容就应该是适用于一般系统工程问题而不是领域系统工程的问题。这会涉及到现代系统工程在处理一般系统，或者人和所有外部环境组成的复杂系统问题时的一般性认识、原则、方法等问题。比如说，系统工程的核心是系统工程过程，也就是系统工程生命周期，那么抛开具体的系统工程过程来说，系统工程生命周期相关理论应当包括系统的构成理论、运转理论、交互理论、优化理论等四类理论。

上述理论分类是对应系统工程过程的，具体每一类理论会有若干个理论或者学说，比如强调系统工程整体性的全局学说观点，构成理论类别中的系统结构学说观点等。

相比于传统具体领域理论知识，这种一定程度上的抽象，和系统工程当前研究重点转向社会系统是契合的。它们更多是在传输一种理念而非技术，一种处理复杂和难以量化的社会系统问题甚至社会成员修身养性的方法，而非机械的具体领域或模型化的问题解决办法。

剖析系统工程思想 把握系统工程本质

作者简介

李琳斐，女，中国航天系统科学与工程研究院2012届博士研究生，中国航天社会系统工程实验室成员。李琳斐博士既有哲学的相关背景，又有管理学的基础，善于把哲学及管理学的基础转化为科研优势，主要研究方向是社会系统工程、资源系统工程、系统工程思想史等，正在积极深入研究系统工程思想史以及社会系统工程研究领域。

专家观点

思想的发展，只有通过研究它发展的历史，才能更好地认识它的发展脉络，把握它的发展规律。系统思想就是关于事物的联系结构特性、整体特性、无限动态特性以及功能特性的总体思维和观念。以此为基础，对研究对象做系统性分析，并综合应用多学科理论和技术处理和解决问题，就形成了丰富多彩的系统观念、理论、方法和技术，并应用于实践，不断提升，形成了特有的综合分析解决问题的思想。虽然大多人都认为系统工程的发展起源于西方，但是系统工程思想源远流长，早在先秦时期的中国就已有所涉及。正是如此，要认识系统工程思想，只有通过研究系统工程思想史，才能更好地把握系统工程思想的发展历程和核心，进而更深刻地理解系统工程，并以此来指导社会和工程实践。

中国航天社会系统工程实验室自20世纪90年代起开始对系统工程思想史进

行构思和整理，历经近20年的研究和梳理，辅以大量包涵系统思想的著作及工程实例，以人类文明发展的各个历史阶段为纵轴，以各个历史阶段系统工程思想的发展为横轴，以点带面，以史带理，对人类文明的发展历程与系统工程思想发展的同步性进行深刻的剖析。

系统工程思想史是人类对系统认识的历史，是系统工程学说的发展史，在研究系统工程中古往今来的一些观点、方法、模式和理论时，应从以下背景进行分析，始能得出正确的结论，收温故知新、预测方向之效。其中包括以下诸点。

（1）系统工程思想产生的学科背景

从事系统工程研究的人大都来自不同的学科领域，有着自己的专业背景和研究传统。从事各类工程技术的人，从事组织管理的人，从事生命和医学研究的人等等，自然会从不同角度认识系统和系统工程，这些认识通过总结上升为理论，就出现了不同的学说和学派。因此，研究系统工程的思想，如不考虑一种学说、理论和方法出现的环境背景，将不会得出具体而生动的结论。

（2）系统工程思想产生的社会经济背景

物质资料的生产方式是社会发展的决定力量，任何一种学科、思想的发展必须要有经济技术作为动力，系统工程思想、技术的产生和发展也是社会生产的需要。关键在于组织、协调及各个生产工序的衔接，还在于如何使整体达到最优，也就是利用系统科学的思想，利用系统科学的方法进行研究、生产。随着生产力的不断发展，当旧的科学技术手段不能满足现实的生产需要时，各种新的思想观念也就不断诞生，从而不断丰富系统工程的思想。

（3）系统工程思想产生的哲学和科学基础

“任何一门学科，只有当它是所处时代的社会生存与发展客观需要的自然产物，同时学科内在逻辑必要的前期预备性条件又已基本就绪时，它才会应运而生”。系统科学和系统工程思想的形成与发展同样符合这样的规律。思想来源是所有学科形成的第一前提，因此，系统工程的思想来源，即哲学思想为系统工程的形成提供了形而上学基础。系统工程是具有科学特征的理论形态，科学背景是其形成必不可少的条件。同时，哲学是一切科学的总括，它从世界观和方法论上指导系统科学和系统工程思想的发展。

一、系统工程思想的产生和发展是人类需求拉动的结果

纵观系统工程思想的发展历程，可以看出，系统工程思想是在人类科技、战争及生产等需求的拉动下产生和发展的，这些需求是系统工程思想发展的动力。在工程方面，最初人类从事一些简单的劳动，只需要考虑较少的因素，因此，人们在面临复杂的问题面前束手无策，在这种情况下，社会需求一种解决复杂问题的综合学科，即系统工程学科。在军事方面，第二次世界大战期间，一些科学工作者以大规模军事行动为对象，提出了解决战争问题的一些决策和对策的方法和工程手段，出现了运筹学，并且在这一时期，英、美等国在反潜、反空袭、商船护航、布置水雷等军事行动中，应用了系统工程方法，取得了良好的效果。在生产管理方面，随着生产规模的扩大，单纯依靠增加劳动强度已不可能再提高劳动生产率，要达到整体生产效率的最优，需要各个生产部门之间的配合、各个工序之间的衔接，因此需要一个统一的规划和协调，从而推动着管理系统工程的产生和发展等等。由此可见，系统工程思想的产生和发展是人类的需求特别是对复杂问题解决的需求拉动的结果。

二、系统工程思想的产生和发展和人类生产力的发展水平、文化背景等息息相关

比如，在古代早期，中国处于春秋战国时期，西方处于古希腊罗马时期，思想文化都很繁荣，系统工程思想也很丰富。到了古代中期，西方进入了长达 800 年的黑暗的中世纪，生产力停滞不前，人们的思想受到宗教迷信的禁锢，此时候的系统工程思想甚至出现了倒退等等，由此可以看出，系统工程思想的发展受生产力发展的影响很大（一般情况下，生产力越发达，就越有能力承担巨大复杂的工程项目，对系统工程的需要也就越迫切），系统工程思想的发展受生产力、科技发展水平的影响很大，这也体现在现代东西方学者研究系统工程的整体思路的不同，系统工程的理论首先产生了西方，是在西方生产力比较发达，经典科学发展到一定程度，经典科学无法解决领域内的问题时，才诞生了系统工程的理论来解决经典学科内的问题，因此，在西方，系统工程的理论基本上都是从其他经典科

学中来，比如生物学家贝塔朗菲的一般系统论来源于有机体论；维纳将机器与生物的控制和通信机制进行类比，抽象出共同特征，创立了控制论；物理学家哈肯基于对物理现象的研究创立了协同论；物理化学家研究热力学问题，提出耗散结构理论等等。现代西方学者仍旧沿袭这一习惯，非常关注系统科学与经典科学之间的关系，系统工程的理论从具体学科中来，再到具体学科中去。在中国，由于之前我国的科技远远落后于西方，因此，我国的系统工程的发展并没有经历经典科学发展到一定程度，遇到原科学范式解决不了的问题是才诞生系统工程理论来解决经典科学中的问题这个阶段，而是于20世纪下半叶直接从国外引入的，之后开始独立发展，所以我们习惯把系统工程的思想和方法当作一种解决问题的新的思维方式，直接指向客观世界。

三、系统工程思想的发展，受东西方思维方式的影响也很大

东方人倾向于从宏观到微观，从一般到个别，从抽象到具体看问题；而西方人则倾向于考察事物本身的特点和结构，从微观到宏观，从个别到一般，从具体到抽象看问题。如中医对人体经络的认识时间很长，治病讲究标本兼治，具有整体系统思想。但至今对中医的药理仍然停留在知其然，不知其所以然的水平上；西医的特点是头痛医头，脚痛医脚，但对药理的分析很具体。可见，中医和西医，一个重视整体，一个重视分析，都有各自的优势和不足，两者在发展之初，都没有真正体现出系统工程的思想，真正的系统工程思想是整体和分析两个过程的辩证统一，即宏观到微观的分析以及微观到宏观的集成两个过程的辩证统一。另外，从东西方科技发展史中可以看出，东方的科学（理论）和技术是彼此处于分离状态的。而西方虽然早期理论和技术也有分离，但是后来逐渐靠近呈交融状态，理论和技术互相促进。这一点在系统工程思想的发展中也能看出，中国古代对宇宙间事物之间联系的认识相当有哲理且富有生命力，但近代在社会生产实践中的成果极少；西方科学文明的起步较晚，但他们却有实证基础将生命机体系统的认识推广到宇宙间一般系统。现代西方的系统工程学者，热衷于系统科学与经典科学关系的探讨，但是他们很少关注系统科学与其他相关科学（如复杂性科学、非线

性科学等)，或者说基本上不去考察与其他相近或关系密切的学科的关系。而国内学者非常注重从整体上对系统科学与其他相近科学进行探讨，凡是研究系统科学的，几乎都会涉及复杂性科学、非线性科学等相关学科，非常全面的探索系统存在和演化的方方面面性质。这也跟东西方思维方式的差异有关，西方分析以思维占主导、中国则以整体思维占主导。

四、系统工程的发展，既有需求又有条件，将是系统工程思想突飞猛进的时代

人类的需求拉动着系统工程的发展，并且系统工程的发展与生产力、科技的发展、东西方的思维习惯等息息相关。目前，科技史专家普遍认为第六次科技革命很可能发生在生命科学领域，并且与信息科学、纳米科学交叉融合。在生命科学中，目前科学家们已经将生物体内的每一个分子都基本上搞清楚了，但是还不能完全解释生命现象。这就需要一种新的系统工程的思维方式，来研究大量分子如何协同、耦合形成细胞，细胞如何协同、耦合形成组织和器官，器官如何协调、耦合、整合形成生物体。此外，随着信息化技术的发展，计算机科学的进步，为系统元素之间的通信、系统的设计和模拟提供了强有力的工具和平台，可以预见，未来的时代，系统工程的发展既有需求又有条件，将是系统工程思想突飞猛进的时代。但是由于中西方系统工程学者的研究习惯不同，西方学者研究系统工程习惯于面向经典学科中的问题，从具体科学中来，到具体学科中去；中国学者习惯与将系统科学与其相近学科（复杂性科学、非线性科学等）放在一个统一的整体里研究，面向的是客观世界，不太关注系统科学与经典学科之间的关系。所以这种研究习惯的不同，导致了中西方系统工程学者在学术上的交流和合作不够。在国际化的大浪潮下，任何学术研究都不可能脱离国际这个大舞台。就目前而言，国外的系统科学研究历史悠久，成果较多，国内力量相对薄弱，所以我国的系统工程研究要想办法融入国际这个大平台，以自己的研究成果，确立中国系统科学研究的国际地位，并且，中国系统工程的研究融入国际这个大平台，不仅对自己是有益的，而且对世界系统工程的发展也是非常有利的，因为中国习惯于从整体上思考问题，而西方习惯于分析问题，中国的整体思维和西方的分析思维的集成，

正是系统工程思想的精髓，所以中国系统工程的研究，也必将为世界系统工程的发展，作出自己的卓越贡献。

因此，探索系统工程思想，就是试图去探索系统工程的灵魂，抓住系统工程的本质。

成熟度评价方法研究

作者简介

葛宏志，男，博士，高级工程师，现任职于中国航天系统科学与工程研究院航天工程成熟度研究部，主要从事系统工程、成熟度理论、技术创新管理、产业培育与发展咨询、数据挖掘、模式识别相关理论的研究。2012年起对技术成熟度体系中的技术贡献度进行了系统的研究与应用。

专家观点

我国应对世界产业结构的调整，积极参与全球经济竞争，提出了加快经济发展方式转变的重大战略部署，并且将发展战略性新兴产业作为重要抓手。战略性新兴产业是以重大技术突破和重大发展需求为基础，对经济社会全局和长远发展具有重大引领带动作用、综合效益好的产业。航天战略新兴产业是国家战略的重要组成部分，关系着国家重大科技工程培育与发展，是我国从航天大国迈向航天强国的发展战略。目前正是推进我国战略性新兴产业培育与发展 “十二五”规划的关键时期，航天领域十分重视对产业的战略管理，规划新兴产业可持续发展。

我国航天战略性新兴产业培育与发展要坚持以科学发展为指导，以支撑经济发展方式转变为主线，是一项复杂的系统工程。航天领域战略性新兴技术评价与管理及其产业规划与培育的研究是管理学和经济学领域的热点问题。成熟度方法基于系统工程理论，从定性到定量的综合集成出产业现状及趋势预测。成熟度方法是一种科学的方法，可以为多种行业提供决策咨询与战略规划，具有很高的应用与推广价值。并已在中国工程院战略性新兴产业培育与发展课题中得以应用，取得了初步成果。

一、成熟度评价是基于系统工程理论的方法

成熟度方法中蕴含系统工程思想，是系统工程理论方法具体的实践和应用。通过系统构建、系统评价、系统优化与提升，促使科技项目从当前状态向目标状态合理有序的递进。成熟度评价以从定性到定量的综合集成为基础，既能对一项具体关键技术的成熟程度进行独立评价，也可以对产业的宏观发展问题综合评价并提出规划建议。发展系统工程，利用成熟度理论方法研究解决航天重大科技工程管理问题，建设我国科技评价机制，将有助于解决科研项目进展缓慢、投入大、产出效率低的状况，对促进科技创新、高端人才培养、推动科技发展、航天技术转化应用、加快新兴产业的建设，将产生可观的社会效益，对科技创新精细化管理体制改革和构建产业布局与规划具有重要意义。后续的工作进一步研究成熟度评价体系，深入经济社会的方方面面，构建社会成熟度评价的完善体系亦称之为“量度工程”。

二、航天战略性新兴产业重点方向评价研究

技术到产业的成熟度评价模型可以作为研究和评价技术到产业发展状态的工具，对航天领域重大方向的技术、制造、产品、市场和产业的成熟程度进行研判。通过标准客观评价当前等级，通过技术、制造成熟度综合集成产品成熟度，通过产品、市场成熟度综合集成产业成熟度。他论证了产品成熟度和产业成熟度综合集成的时效性。以成熟度为参照系，对过去发展历程和未来发展的重要时间节点汇总成时序表。在此基础上，结合院士和专家的意见，对航天领域关注的若干重大发展方向提出具体的培育与发展建议。

三、在航天领域中推广应用成熟度评价方法

理论与实际相结合，以航天领域关注的若干重大方向作为对象，运用成熟度方法进行实证分析。通过院士和领域专家的评审，对技术到产业发展的问题进行了充分研讨，汇总并整理出航天领域战略性新兴产业的培育与发展建议。

航天技术是探索、开发和利用太空的综合性工程技术，涵盖多学科领域。不同学科技术的成熟规律和术语表述问题，我们已经探索拟定了为五类标准，主要参考了相关的国际、国家标准和法规。这些标准组成的框架，基本覆盖了主要技术学科，提高了成熟度评价方法的普适性。

专家主要著作或成果

1. 葛宏志，王崑声，马宽，等. 基于灰靶理论改进算法的技术贡献度评估. 科学决策，2012.

2. 葛宏志，王崑声，马宽，等. 航天战略性新兴产业成熟度评价方法研究. 数字军工，2012.

3. 葛宏志，陈熙霖，基于混合特征的注视方法判别. 高技术通讯，2011.

4. Hongzhi Ge. Gabor Directional Binary Pattern（GDBP）: A Novel Object Representation Approach for Gaze Estimation，EURASIP Journal on advances in Signal Processing，2011.

5. Hongzhi Ge，Xilin Chen. Gaze Data Collection with the Off-the-shelf Devices，IEEE 11th Pacific-Rim Conference on Multimedia，2011.

6. Hongzhi Ge，Xilin Chen. Directional Binary Pattern（DBP）: A Novel Object Representation Approach for Gaze Estimation. IEEE 3rd International Congress on Image and Signal Processing（CISP'10），2010.

7. 倪训博，王克家，葛宏志，等. 非特定人手语识别统计模型的改进及应用. 哈尔滨工程大学学报，2009.

8. 陈熙霖，葛宏志. 一种同步采集人脸图像和注视视角的装置及方法. 专利授权号:ZL200810239203. 0.

9. 王崑声，马宽，葛宏志，等. 一种基于技术成熟属性的技术成熟度等级确定方法. 专利申请号:201210411118. 4.

大数据时代的系统工程

作者简介

张南，女，博士，现为中国航天系统科学与工程研究院博士后。目前从事系统工程及信息化研究工作，先后参与多个战略规划研究及特大型项目的信息化建设工作。

专家观点

人类已经进入了大数据时代，我们的工作、生活和思维方式正在发生变革。数据正在成为巨大的资产，将带来社会创新、商业模式创新以及新的机遇。维克托教授曾说大数据的真实价值就像漂浮在海洋中的冰山，第一眼只能看到冰山的一角，绝大部分都隐藏在表面之下。面对如此庞大、复杂的大数据资源，只有应用系统思维，才能高效、有序、合理地进行规划和利用，顺利实现目标。系统工程产生于航天实践，已经广泛应用于社会的各个领域，多年以来系统工程的理论方法得到了不断地发展和完善。大数据时代的到来为系统工程的发展带来了前所未有的机遇，同时系统工程的方法体系也正在经受考验。进一步提升系统工程的方法体系，使其与时俱进、顺应时代发展，是新时期的神圣使命。

“系统工程提升说”是薛惠锋教授带领博、硕士研究生，通过对环境系统工程、社会系统工程等领域的大量系统工程研究和实践的基础上提出的，并总结“系统工程高级研讨班”及“系统工程专家访谈”中各个领域系统工程专家的观点，对系统工程提升说加以完善。笔者认为，薛惠锋教授的系统工程提升说就是从系统的当前状态，通过思想、理论、方法、技术、策略等载体实现系统的全面提升，最终达到目标状态的一种方法体系。

大数据时代系统工程提升说的基本思想，简而言之就是“集中力量办大事”。这里的“集中力量”就是利用一切可利用的思想、理论、方法、技术、策略等将系统的当前状态提升到满意状态，最终实现目标；“大事”指的就是“大数据”。

应对大规模复杂的海量数据，笔者认为，系统工程提升说应具有以下几个特点。

1）目标更为明确。系统工程提升说着重于强调实现目标，通过对数据处理的各种技术、方法等达到为我所用的满意状态。但是，这种状态不一定是整个系统的最优状态，还可能包含次优及其他满意状态。实现系统的满意状态和最优状态可能往往会面临着截然不同的决策和实施。

2）实时性要求更高。大数据不仅包括大量的结构化数据，还包括海量的非结构化数据，对于数据处理的实时性难度将越来越大，实时性的要求也将越来越高。特别是面对由于突发事件所产生的大量突发性数据，实时性在系统规划和设计时显得尤为重要。

3）积木化思想。大数据时代的系统工程提升说应更注重资源的快速重组、调度和构建，以满足不同的业务需要，更方便、更好地协调工作，最大限度地发挥数据资源的价值。

4）允许不精确。大数据时代要求人们重新审视精确性的优劣，如果将传统的思维模式运用到大数据处理之中，将会错过重要的信息。传统的系统工程更注重于数据的精确性，特别是在数据采样的时候对精确度的要求更高、更苛刻。因为收集信息的有限意味着细微的错误会被放大，甚至有可能影响整个结果。大数据时代的系统工程，允许不精确的出现已经成为一个新的亮点，而并非缺点。正是由于放松了容错的标准，可用的数据也将增多，利用这些数据可做更多新的事情。这样就不是大量数据优于少量数据那么简单，而是大量数据创造了更好的结果，更容易实现目标。

5）注重相关性。大数据时代改变着人类探索世界的方法，大数据时代的系统工程不再注重因果关系，而是相关关系。通过相关关系，可用比以前更容易、快捷和清楚地分析事物。我们不必非要知道现象背后的原因，而是要让数据自己“发声”，真正地用数据说话。知道“是什么”就够了，没有必要知道“为什么”。相关关系可以帮助我们捕捉现在及预测未来。

大数据是种资源，好比人的器官，而系统工程好比人的大脑，是组织、协调及支配各个器官协同工作的司令部，其发出的指令好坏直接影响人体协同工作的效能。大数据时代，运用系统思维，遵循系统工程提升说在大数据时代的特点，能够高效地管理和调度海量数据，应对信息社会的发展和需求，为人类服务。

专家主要著作或成果

1. Zhang Nan，Mao Pengxuan，Xiao Yang，Kim Kiseon. The QoS of the Edge Router based on Diffserv. China Communications，2009.

2. Nan Zhang，Yang Xiao， Lei Wang， Kim Kiseon. The Important Impact of Energy in 802. 11e EDCA Network，2009.

3. 张南，肖扬. 基于 IEEE 802. 11 的 TCP 稳定性与公平性研究. 铁道学报，2013.

4. 张南，肖扬. 认知无线电网络 MAC 接入性能分析. 北京交通大学学报，2012.

5. 张南，肖扬，殷慧文. 基于 CFB 模式的 802. 11e EDCA 网络研究. 辽宁大学学报，2012.

6. 张南，肖扬. 非饱和状态下 TCP/UDP 混合流的 EDCA 模型分析. 计算机科学，2011.

浅谈人才队伍建设的系统思考

作者简介

苗小燕，女，中国航天系统科学与工程研究院博士后。目前主要从事人才队伍建设、人力测评等工作。

专家观点

作为航天事业的核心竞争力，航天人才队伍的发展水平直接决定了我国航天事业的发展水平和航天战略的实施。目前，我国航天系统内已经存在较为完整的人才培育体系，在培养管理体制、培养规划、培养基地、培养实施方面已有一定程度的积累。随着科技的进步，航天工程面临着越来越高的复杂性和挑战性，航天人才队伍建设仍是一项复杂、艰巨且持续的系统工程。

一、重视人才队伍建设是我国航天的优良传统

多年以来，我国航天一直把人才队伍建设作为发展的主题来抓。从领导干部的选用、高层次专业技术人员的培养、以重大工程牵引人才成长等多个角度具体落实人才队伍的建设。众多举世瞩目的航天型号任务顺利完成也体现出航天人才队伍建设的优秀成绩。例如“神舟七号载人航天飞行任务”成功经验总结大会，

将“神七”成功经验概括为“一个目标，四个注重”，其中一个注重就是“注重团队能力建设，以人为本”。

中国航天科技集团公司第四次工作会明确提出到2015年实现集团公司的战略转型和全面构建创新型、开放型、融合型的航天科技工业新体系，努力将集团公司建设成为国际一流大型航天企业集团的战略目标。在第二次人才工作会议，集团公司发布了人才队伍建设“十二五”发展规划。新的形势和任务，对集团公司人才队伍建设工作提出了更高和更加紧迫的要求，并给集团公司人才队伍建设带来了巨大的挑战。

二、系统理论是人才队伍建设的重要理论基础之一

群体系统理论认为人才队伍就是由互动的个人所组成的复杂的、具有适应性的动态系统。人才队伍中的个体成员是系统的单元，相互联系。这个系统具有自我创造、自我组织能力，一旦个体开始同步协作，整体就会自发地发展。整体像系统一样接收来自环境的信息，处理信息并生产产品、做出反应，在系统内，成员间信息的交流起到了核心的作用。所以，在系统理论框架下，要求对人才队伍中的组织、团队、个体，以及工作环境进行全面的考虑，并且充分考虑到这些构成要素之间的相互关系。

除了系统理论，要全面指导人才队伍的建设实践，还需要综合集成目前广为认可的几种群体动力理论，包括关注群体成员行为背后心理机制的动机和情绪群体理论；关注便于测量与分析的群体及群体成员行为的行为理论；关注群体成员收集信息、理解信息并的认知功能的认知理论等等。

三、人才队伍建实践是复杂的系统工程

人才队伍建设可以分为人才评价和人才提升两部分。人才评价涉及多个层次、多个层次，多种指标。常见的评价方法有问卷法和行为观察法。问卷法是被最广泛使用的方法，包括自评和他评两种。行为观察法则观察任务互动过程中，个体和群体的可观察行为指标。评价的层次包括组织、团队和个体三个层面，考虑个体特征、团队特征以及组织特征如何共同驱动任务过程，进而影响到绩效。评价

的指标常见的有绩效、有效性、效能，成熟度作为一个明确的人才队伍评价指标，最近几年受到越来越多的关注。

人才队伍的提升方式有培训、顾问、教练、EAP 等。每一种提升方式各有侧重。其中，教练因为触及了更深的动机层面，引导被教练者形成符合其特色的思考和解决问题方式，鼓励其以平等合作的关系与外界进行交流，所以有很好的迁移效果。

人才队伍的建设有着多方面的要求，需要将上述评价方法和提升方法综合集成，才能全面的达到评价提升目的。目前，我们正在这个方面进行探索性的理论研究和实践。

专家主要著作或成果

1. Application of granger causality analysis to effective connectivity of the default—mode network. Complex medical engineering 2010.

2. Altered pattern of hubs in default—mode network with aging and Alzheimer's disease. Neurobiology of aging（plos one 2012）.

3. 引进企业团队教练技术构建航天人才培养管理新模式. 中国航天，2013.

对国家水战略问题的系统思考

作者简介

王海宁，女，山东烟台人。2013 年 3 月毕业于西北工业大学自动化学院系统工程专业，获得博士学位。2013 年 4 月至今，在中国航天系统科学与工程研究院科学技术委员会工作。

专家观点

水孕育了生命，滋润了万物。水是基本的自然资源，是组成生命世界、生态环境的重要控制要素。水是战略性资源，是一个国家综合国力的有机组成部分。当今世界面临的人口、资源、环境和粮食等问题，都与水密切相关。水与人类、水与社会、水与经济、水与环境、水与文化、水与旅游等人类水事活动已日益成为世人所关注的热点问题之一。

水又是人类和一切生物生存不可缺少的物质基础，对国民经济发展具有举足轻重的作用。然而，改革开放以来，我国社会经济发展方式粗放，水资源消耗高、浪费大、污染重，导致水环境日益严重，我们在水资源和水环境方面付出了巨大的代价。当前，建设资源节约型、环境友好型社会，要求我们在社会生产、建设、流通、消费的各个领域，在经济和社会发展的各个方面，切实保护和合理利用水资源，提高水资源利用效率，以尽可能少的水资源消耗获得最大的经济效益和社会效益。这是关系到我国经济社会发展和中华民族兴衰的大事。因此，研究水资源的合理开发利用、配置、潜力和承载力等问题非常有意义。

从系统的角度来看，水资源系统与水环境系统的功能结构相互联系、相互交错，难以严格区分。将水资源系统和水环境系统作为一个整体系统加以研究，是目前研究水资源问题的基本前提。

一、水资源与水环境系统的内涵

从组成来看，水资源与水环境系统是一个庞大的巨系统，依据不同的标准，可分为不同的子系统。按照水资源的运行机制分，可分为供水系统、用水系统、处理系统、容纳系统、循环系统和控制管理系统等六个子系统。按照水资源的流程分，可以分为水源系统、输水系统、用水系统等三个子系统。若从水资源系统的水量和水质两个方面看，该系统就是由水资源子系统和水环境子系统构成，两个子系统间也存在相互转化关系。

从认识论的角度来看，水资源与水环境系统具有层次结构，按功能分为五个层次：第一层控制管理系统，它是最高级层次，负责协调整个系统的行为；第二层供水用水容纳处理和循环子系统，它是中间层次；第三层每个子系统又可分为更次一级系统；第四层每个在时间上作用大小又不同，可分为时间层次；第五层各层次在区域上作用也不同，又可分为空间层次。

水资源与水资源系统具有多水源性、多用户性、多工程性、多目标性、多风险性、复合性、随机性、动态性、综合性等特点，这些特点决定了水资源与水环境系统控制的复杂性。因此，必须对水资源和水环境系统进行科学的分析。

二、中国经济社会发展面临的水资源问题

中国水资源问题主要表现在：一是随着工业化、城镇化、农业现代化进程的加快推进，水资源供需矛盾日益突出，全国近三分之二的城市存在不同程度的缺水，争水、抢水、用水矛盾日趋尖锐；二是部分流域和地区水资源过度开发，远远超出水资源承载能力，导致江河断流、地下水超采、湖泊萎缩、湿地退化、地面沉降等一系列问题，严重危及中国水资源可持续利用；三是水资源利用方式粗

放，用水效率低，浪费严重；四是水污染严重，水体使用功能下降，危及饮水安全、粮食安全、经济安全、生态安全。这些问题严重到一定程度，必将对人类社会和生态系统的生存安全与发展造成现实和潜在的危害。

三、系统工程为水资源问题研究提供了思想理论技术方法支持

水可以满足人类多样性需求的特性决定了人类水事活动系统的复杂性，各类水问题的产生涉及到自然界的水文、气候、生态、环境、资源、经济、社会互相影响的复杂关系，而且受人类社会的影响越来越大。因此，水问题的解决就事论事是行不通的，而是需要统筹考虑。

系统工程是认识和实践的综合集成方法，已成为当今世界公认的、经国内外宏观\微观多领域实践检验的、最为先进而成熟的科学研究、科学决策和科学管理模式。系统工程的本质和优点是将特定问题涉及的多种因素及其关系，整合为一个体现更高认识能力和更好实践能力的有机整体。系统工程可以为水资源问题的解决提供思想理论技术方法支持。水资源问题及其解决方法的研究需要对水的功能、状态、信息和文化进行系统化研究，对水满足人类需求的多样性进行系统化整合，从高层次、多角度探索人类水事活动系统的目标和结构，探索人类水事系统从不满意状态提升到满意状态的程序、手段、途径和保障措施。

四、“安全与发展”双层目标作为国家水战略之两翼

从安全系统工程的角度来讲，任何主体做任何事情的前提首先是生存，主体的生存是其安全与发展的底线，即“生存安全第一”。在生存、安全、和平、稳定等问题逐步得以解决的过程中，人们自然会进一步考虑发展的问题。安全与发展是普适于任何主体的两大基本目标，其中的生存安全是其他安全与一切发展的前提。任何主体的目标都可以从“安全+发展”的双层目标架构来看，而不能“只见发展、不见安全”，或“只求安全、不谋发展”。“安全”意味着不损失已有利益；“发展”意味着获得新的利益。每当通过“发展”获得新的利益而不希望失去时，

则又转化为新的“安全”问题。从辩证唯物主义来看，“安全”与“发展”是同时存在的，在发展中为安全寻找更大的空间。“安全与发展”双层目标架构是一个超越了意识形态藩篱的普适性架构。在人类面对世界化时代充满复杂性的空前挑战和空前机遇时，其普适性尤为突出。

人类水事活动所引发的各种水问题，既有“安全”层面的问题，又有“发展”层面的问题，往往更多的是属于“安全”层面的问题，例如水资源安全、可供水安全、水生态安全、水环境安全和水灾害安全。水安全是国家安全的重要组成部分，解决水安全问题是保障国家安全、维护社会稳定、树立负责任大国形象的必然要求。因此，在进行水战略研究中，应当从整体上充分体现中国领导层系统思维及“国家安全和发展战略全局”的重要思想，运用“安全”和“发展”双层目标框架对国家水战略目标进行系统化整合，研究解决现实的水问题。

五、国家水战略问题需要重点研究的问题

对于国家水战略问题的研究需要重点加强五个方面，具体包括：

1）研究水的多种功能以及对经济社会的多种影响。从多种信息、多种状态、多种功能、多种文化四个方面加深对水的认识、挖掘，研究如何更大地发挥水的社会效益、经济效益和生态效益。

2）水对经济社会多种影响研究，例如，对经济社会的多种影响构建系统动力学模型进而影响社会发展的系统动力学模型，分析其中是否存在全正反馈/或全负反馈的回路，确定水对人类经济社会的各种类型、各种性质的关系，争取找到其中持续而不断放大的影响关系。

3）运用系统观对水事活动所引起的一切现象和问题进行系统化研究。系统研究我国水安全存在的主要问题、水安全问题的因果分析及原因定位。

4）针对建设生态文明（或中国梦）的要求，从“安全与发展”两个方面构建水战略目标系统。明确系统的各个要素以及各要素之间的关系。分析哪些目标属于安全类目标，哪些目标属于发展类目标，之后再进行进一步的分解和梳理，确定各类目标的定性和定量描述。

5）研究提出对我国水事/水务管理的建议。通过对水问题的系统研究，建立系

统化的水文明。水不仅作为一种资源，水在支持社会经济发展方面的功能日趋完善。例如，研究水和产业结构的调整之间是什么关系、水对经济社会发展战略产生多大的影响、当前的发展方式对水安全和发展会产生哪些问题、水的使用和管理等一系列问题都应当是我们研究的内容。

专家主要著作或成果

1. 王海宁，薛惠锋. 基于系统动力学的地下水资源承载力仿真研究. 计算机仿真，2012（10）.

2. 王海宁，薛惠锋. 地下水生态环境与经济社会协调发展定量评价研究. 环境科学与技术，2012（12）.

3. 王海宁，薛惠锋. 能源消费需求模型及系统动力学仿真研究—以陕西省为例. 系统仿真技术，2010（6）.

4. 王海宁，薛惠锋. 中国不同时期经济发展与碳排放的关联分析. 环境科学与技术，2011（6）.

5. Wang Haining，Xue Huifeng，Correlation Analysis and Comparison of the relationship of Economic Development and Carbon Emissions in Different Periods of China，Environmental Science and Information Application Technology （ESIAT）， 2010（EI 检索:20104213312733）.

6. Wang Haining， Xue Huifeng，Promote the Practice of Taking actions to Climate Change in China With Legislation，Environmental Science and Information Application Technology（ESIAT），2010（EI 检索:20104213312736）.

7. Wang Haining，Xue Huifeng，Simulation of Dynamic Model of Energy Consumption Structure in Different Periods in China，2008 IEEE International Conference on Sustainable Energy Technologies，（EI 检索:978-1-4244-1888-6/08）.

8. 王海宁，薛惠锋. 我国水污染防治工作的问题与对策. 环境科学与管理，2009（2）.

9. 薛惠锋，王海宁，任姗，田涛. 以能源立法推进能源战略实施. 环境保护，2010.

10. 薛惠锋，王海宁. 对我国环评工作存在问题的思考与建议. 环境保护，2008（17）.

11. 薛惠锋，王海宁. “环评法”在争议中前行. 环境经济，2008（9）.

12. 薛惠锋，王海宁. 审查“本末倒置”环评制度还需做哪些改革. 中国环境报，2009. 2. 11.

13. 薛惠锋，王海宁.《中华人民共和国可再生能源法》的实施回顾及展望. 中外能源，2010（3）.

14. 薛惠锋，王海宁. 能源环境问题需统筹解决.中国环境报，2009. 12. 24.

15. 王海宁，陶建格，卢亚丽，等. 加快可再生能源开发，促进中国可持续发展. 阳光能源. 2007（3）.

16. 王海宁，薛惠锋，陶冶. 发展可再生能源是解决海岛能源动力问题的有效途径. 阳光能源，2008（6）.

略谈系统工程视域下的学习型政党建设

作者简介

杨景，女，法学博士，现在中国航天系统科学与工程研究院从事系统工程专业博士后工作。

专家观点

在全面深化改革的大背景下，建设马克思主义学习型政党作为一项党的建设改革创新的系统工程，需要进行总体设计、统筹兼顾、统一部署、整体推进。这项系统工程需要在党中央的率先倡导下大力组织地方党委和基层党组织通力合作，以培育系统思维和系统推动“三型”政党建设为主线，才能真正实现学习型政党建设的系统提升。

一、培育具有系统思维能力的共产党

培育系统的思维能力就是要求党员、干部在观察和实践中具备从原有的“我与它”的关系转变为“不分你我”的全局思路。巴黎高等理工学院认知科学家瓦莱拉认为整体的观察就是“再引导——将注意力集中于源头而不是客体。”这种观察整体的思维模式其实就是要突破原有的主客体之间的界限，将主体和客体相连通，将主体融入整个系统来分析和解决问题。这样不仅能跳出问题本身来更准确地看到症结所在，而且还能提高对变化的敏感度，不会陷入顾此失彼的险境，实现可持续发展的目标。整体观察要求从全方位地、比较地、有联系地洞悉存在体的现象和本质。这种观察能力需要在实践中克服惯有的思维定式、自觉地改变，这个过程也是长期的、不是一蹴而就的。整体与局部是矛盾的统一体，想要准确地把握事物还必须分析细节。提升整体观察的能力还需学会观察组织内部细节，因为内部深层次的细节记录了整个事件过程，以便证实整体观察是否正确、合理。这如同美术学里的“整体观察”和“细节表现”的关系，“整体观察指作画前或作画时对表现对象的整体的概括；细节表现就是通过一个个画出来。两者是整体与局部、精神与形体、氛围与具象、思想与方法的关系。整体观察必须通过细节表现来完成创作，细节表现必须符合整体观察形成的意象。”不难看出，整体的观察与从内部细节观察是提升思维能力的两个不容分割的统一体，整体的观察就如同路上前方有一故人，隐约看到此人的整体形象便可辨认出来，由此可见整体观察能够掌握住总体方向；而内部细节观察则是从身高、年龄、着装、性格等各方面来确切定义该故人，所以内部细节观察更为明确、精准、贴近真实。

当前，有些共产党人在面对问题时总是以事论事，没有回归源头观察的意识和能力，内部细节观察做不到位。中国共产党作为执政党必须提升自身的执政能力和抵御风险的能力，而欲提升此两项能力必须具备创新的思维能力而这又得益于系统观察能力的养成。整体观察的思维能力是创新思维最基础的内核，如果没有养成整体观察的能力，那么看待问题就不会最客观、最彻底，事情更得不到完全解决，可持续的发展也是举步维艰。所以必须将培育系统思维能力的共产党作为基础工程自觉推行、坚持和完善。

二、系统推进“三型”政党建设

党的十八次全国代表大会上首次提出：“建设学习型、服务型、创新型的马克思主义学习型执政党。”建设“三位一体”的马克思主义执政党是坚持学习、不断创新、增强服务意识的有益成果，是共产党人系统提升党建科学化水平的具体表现。停滞不前的政党、不善于学习的政党、没有服务社会意识的政党必然被历史淘汰，因为他们没有“市场”，也创造不出来优秀文明成果为人民共享。“三位一体”的马克思主义执政党是一个统一体，三者相互联系，相辅相成。学习型是服务型和创新型的基础，只有真正建成学习型的马克思主义政党，才能实现服务型和创新型的转变。服务型是学习型和创新型的目标，学习型、创新型马克思主义执政党都是为人民群众谋福利的政治组织，不是服务型的政党就不能堪称马克思主义执政党。创新型是学习型和服务型的动力，创新的时代精神已经成为政党安身立命的必要元素，建设学习型和服务型的马克思主义政党必须赋予创新精神，才能与时俱进，始终走在时代前列保持先进性。这样，三者形成一个良性循环机制，缺一不可，三者的有机结合给马克思主义政党彰显出无限力量和潜质。学习型彰显出马克思主义政党先进性特征，主要体现在对社会发展规律、政党执政规律、社会主义建设规律的不懈探索和科学把握，对中国特色科学社会主义理论的时代化、大众化的新创造；服务型彰显出马克思主义政党是为最广大人民群众谋利益的独特品质；创新型彰显出马克思主义政党与时俱进、求真务实的实践品质。建设马克思主义学习型政党不是单独的党建项目，应该以系统思维模式统筹规划、协调建设“三位一体”的马克思主义执政党。

专家主要著作或成果

1. 鉴析延安时期高级学习组之成功经验．人民论坛，2012．6（368）．
2. 新的历史条件下加强党的纯洁性建设．理论与改革，2012（3）．
3. 新时期进一步提升党性的政治自觉．党政干部学刊，2012（6）．
4. 培育具有新思维的马克思主义学习型政党。中共石家庄市委党校学报．2013（3）．

在复杂社会环境下谋求执行有效的系统方法讨论

作者简介

王为，男，中国航天系统科学与工程研究院2012届硕士研究生，中国航天社会系统工程实验室成员。在控制科学与管理科学的基础上对系统工程的理论、思想与案例进行了大量的学习与研究。主要研究方向是社会系统工程、资源环境系统工程、经济系统工程等。

专家观点

一、钱老的综合集成方法及其提出背景

1983年至1985年间，当时的航天部七一〇所在经济学家马宾的具体指导下，完成了财政补贴、价格、工资综合研究以及国民经济发展预测工作。这是当时经济体制改革中提出的热点和难点问题。为了解决这样的复杂问题，七一〇所的同志们集中了经济学家、各有关部门的管理专家和系统工程专业人员等各方面专家的科学理论、经验知识和智慧，并辅以大型计算机的建模仿真，最终对当时的物价改革起到了积极的推动作用。钱老从这项（社会系统）实践中受到启发，并结合人体系统和地理系统的研究实践，从中提炼总结，于20世纪80年代末到90年代初，先后提出了解决复杂巨系统问题的“从定性到定量综合集成方法”以及“从定性到定量综合集成研讨厅体系”。

综合集成方法的过程是从“定型的综合集成”到“定性定量相结合综合集成”再到“从定性到定量综合集成”，其实质是把专家体系、数据和信息体系以及计算机体系有机结合起来，构成一个高度智能化的人·机结合、人·网结合的体系，从而实现形象思维和逻辑思维结合、定性与定量的结合以及宏观与微观的结合。因此，钱老的综合集成方法中包含了人的思维、经验、知识、智慧以及各种情报、资料和信息的集成，从多方面的定性认识上升到定量认识。

综合集成方法的提出不仅将系统工程的发展推进到解决复杂巨系统问题层面，更是现代科学条件下方法论上的一次飞跃。

二、综合提升概念的背景及意义

钱老的综合集成方法首次给出了解决复杂巨系统问题的可行方法，对开放复杂巨系统的研究与实践具有科学的指导意义。综合集成方法提出二十余年，不论是从各方面环境的变化，还是从理论发展的要求，抑或学科发展的需要，都可以考虑对钱老的综合集成方法进行完善和发展。

首先，从体制环境上看，我国当年仍主要处于计划体制范围内，社会经济各方面指标主要依赖于国家规划，主要研究的问题也较今天来看相对简单；同时，各单位主要以完成国家任务为目标，人、财、物的调配和集中相对容易。其次，从社会环境上看，在20世纪80年代末90年代初，社会结构和社会关系相对简单，人们的动机比较单纯，目标比较统一，这也为综合集成方法的成功实践提供了良好的人文基础和环境。第三，从技术环境看，当时的信息化、网络化和智能化等高新技术手段尚不发达，技术手段较为单一。因此，总体来讲，目前我们所面对的问题更加的开放，也更加的复杂，专家体系以及相关人员的组织需要考虑和协调更多因素，同时可用的信息资源和技术手段也十分的丰富甚至庞大。这导致了我们必须以发展的眼光来看待之前所提出的方法和方法论。

再者，从辩证唯物主义以及系统的角度来看，任何的理论、方法甚至方法论都不是静止的，而是不断地运动和发展的。只有在不断地发展当中，方法和理论才能适应和反应客观规律，方法论才能具有现实的指导意义。

因此，在钱老综合集成方法的基础之上提出综合提升的思想和方法，不仅是对钱老系统工程思想的继承和发展，也是社会进步和实际需求的必然，更是对中国系统科学以及系统工程学科发展的一种有意义的探索与促进。

三、系统提升的含义

钱老的系统集成方法是将系统在当前状态下加以认识和把握，通过运用集成方法和手段，使得系统结构功能得以完善。虽然其中已有提升的含义，然其更多强调对系统从多方面的定性认识到定量认识的提升。任何系统都是处于运动和变化中，在综合集成得到完善后，其各部分和要素的结构和关系也必然处于演化当中。因此，这就要求我们不仅要关注于系统现阶段的情况，更要对系统整体的演化规律加以认识和把握，通过多次的综合集成，使之能不断地向更高级状态进行提升，最终达到动态最优。

系统提升包含三个阶段，即初始阶段（现状层）、提升阶段和高级阶段（目标层）。系统由于自身的演化和发展，在现状层产生整体提升的需求，通过综合集成的方法，使之产生整体提升的动力和方向。在提升过程中反复进行综合集成，对动力和方向进行维持或修正，最终达到目标状态，这个过程就是综合提升的过程。其中目标状态一定是稳定的最优或次优状态，而非提升过程中的某个尖点或者峰值。它必须满足系统能够维持一个相对稳定的良好的结构和功能而进行一段时期的发展和演化。需要注意的是，综合提升的过程并非单向的直线型结构，而是螺旋状不断地循环和往复，适时以目标层再作为初始层而反复这个过程，才能做到持续提升。值得强调的是，综合提升并非提升的集成，而是集成的提升，这是至关重要的一点，也是体现系统观的地方。任何局部提升的简单加和和集成都非综合提升。综合提升是整体的提升，是综合集成基础上的提升。这一过程可能伴随着部分局部的退减或衰亡。

综合提升当中所包含的还有对系统改造过程（即系统提升的具体执行）的设计，这是系统能够最终达成提升的保障。钱老的综合集成方法是先进行跨学科的定性综合集成，提出假设和判断，再经过计算机的建模和仿真对经验性假设进行验证，做到定性定量相结合综合集成，最后将仿真结果进行综合集成，得出严谨的定量结论，从而实现从定性到定量综合集成。其最终产物是系统的最优模型或者解决问题的最佳方案。而在当今的现实实际中，系统自身的最优方案与系统最终的整体提升尚存在一定距离。由于具体实践中越来越复杂地人类行为，仅得出系统的最优解未必能够达到执行有效。系统科学是实践中的科学，倘若系统在实践中无法实现真正的提升，之前再好的方法和方案也无法得到认可。这就不得不要求我们在综合集成最优方案的时候，不仅关注系统自身结构功能的最优，更加入具体执行的考虑，对系统提升的实践过程加以设计，使得系统的提升过程也要达到动态最优。这样才能实现真正意义上的整体提升和整体最优。

四、综合提升与综合集成的关系

首先，综合提升与综合集成是继承与发展的关系。综合提升并非对综合集成的否定，而是来源于综合集成，以综合集成为基础，更加强调对系统的长期演化进行正确的把握和科学的指导。它是钱老的综合集成方法在方法论上的发展。

其次，综合提升扩充了综合集成的内容。在综合提升中，需要进行综合集成的不仅仅是于信息、知识、智慧和计算机技术，而是任何有助于系统整体提升的组织能力、社会关系、所需资源等要素。

第三，综合提升将综合集成的方法进一步加以提炼，使得它不仅适用于以计算机技术作为基本技术手段的问题，也适用于任何需要从整体上，从全局上加以把握的问题。更加适应了现实社会中复杂的关系和实际需求。

在实践中寻求持续发展

作者简介

刘海滨，1964 年生，工学博士，研究员，中国航天系统科学与工程研究院总工程师，中组部“千人计划”国家特聘专家。1988 年毕业于西北工业大学航空宇航制造工程学科获得工学硕士学位，1990 年作为日本政府文部省奖学金留学生赴日留学，1995 年在日本北海道获得工学博士学位。曾在日本 Tokyo Electron Limited Sapporo 及日本摩托罗拉股份公司工作担任技术和管理高级职务。先后主持或参加国家 863 计划、国家科技支撑计划、国防科技基础科研、国家科技重大专项、国际知名企业科技创新课题等项目 20 余项。发表相关学术论文 40 余篇（SCI 索引 5 篇，EI 索引 12 篇），出版英文专著一部，获美国 ASME 协会人工神经网络理论创新奖、国家科学技术进步二、三等奖各 1 项、航空航天工业部科技进步三等奖 1 项、陕西省科技进步一等奖 1 项等。曾获“2006 年度中国制造业杰出 CIO”奖和“科学中国人（2009）年度人物”奖。科技部国际科技合作项目评审专家，北京市信息化咨询专家，江苏省科技咨询专家，广东省创新创业团队评审专家，国家“千人计划”评审专家，西工大、北航、南澳大利亚大学兼职教授，中国航天社会系统工程实验室(CALSSE）理事，5 个国际学术期刊和学会的编委或论文审查专家。

专家观点

一、系统工程的基本内涵

刘海滨总工早年在西北工业大学航空宇航制造工程系飞行器制造专业学习。1990 年赴日本去留学，从此开始了对系统工程的学习和研究，重点对人工神经网络进行了研究。人工神经网络属于系统工程理论发展的一个方面。人工神经网络是一种应用类似于大脑神经突触联接的结构进行信息处理的数学模型。人工神经网络是由大量处理单元互联组成的非线性、自适应信息处理系统。1998 年刘海滨总工到日本摩托罗拉公司工作，第一份职务叫系统工程师（System Engineer），这是一份与系统工程密切相关的工作；之后又从事软件工程方面的工作。系统工程师除了从事技术工作之外，还要从事一些协调管理方面的工作，基本上完全按照系统工程的管理思路和管理方法来开展工作，是兼有技术和协调管理的综合性职位。

刘海滨总工认为，系统工程本身有两方面的含义：一个是系统工程的技术方面，一个系统工程的管理方面，在实际应用中往往更偏重于工程管理。系统工程的管理，主要是针对于复杂系统，在系统规模比较大、关系比较复杂的情况下，系统工程管理发挥的作用也是比较大的。例如，NASA 一直不断推出系统工程管理手册，因为系统工程对于大的、复杂系统来说是一种非常有用的组织管理方法。而对于一两个人来讲，系统工程的威力发挥不明显。比方说，美国国家航空航天局（NASA）曾经组织过多个大型复杂航天系统项目，有着丰富的经验积累，美国阿波罗载人登月工程就是一项具有极高集成性的大型系统工程，该工程组织了 2 万多个公司、120 多所大学，动用了 42 万人参加，投入了 300 亿美元巨资。这种将所涉及的人员、技术和资源有机地结合在一起，以最有效的方式达到系统目标，就是系统工程的核心所在。

二、运用系统工程思想进行信息化顶层设计

2004 年 2 月，刘海滨总工调入中国航天工程咨询中心，在信息化总体设计部工作。当时信息化设计部的主要任务就是给中国航天科技集团公司进行信息化顶

层设计和总体规划。信息化必须要与管理模式结合起来，但航天各研究院有各自的管理模式和管理方式，所以造成了当时的管理信息化需求和过程非常空白，信息化总体设计方案做了两三年没做出来。但是，从中可以总结出一些管理经验，提出来一个折中的思想。之后，经过不到一年的努力，信息化总体方案正式完成。同时中国航天科技集团公司出台了两个文件，一个是《中国航天科技集团公司的管理信息化总体方案》，是技术总体方案；一个是《中国航天科技集团公司管理信息化建设的管理办法》，是管理总体方案。

三、系统工程在实际工程中的应用

刘海滨总工做系统论证第一个大的项目就是探月工程三期，即为探月工程中心做系统总体和技术基础论证。这个项目的主要任务是通过长征五号运载发射到近月轨道，然后进行着陆，之后返回地面这样一个过程。该项目由探月工程中心总体负责牵头整个探月工程，涉及到五大系统，包括探测器系统、火箭运载系统、测控系统、发射系统、地面应用系统。我们做系统总体论证，包括工程的技术性、经济性及相关的技术基础，包括标准规范、情报、质量可靠性、软件工程、知识产权和计量等。我们在开展这个项目过程中，完全采用了系统工程的方法，从需求分析开始到产品论证报告整个过程，与探月工程中心和五大系统需要不断地反复交流，沟通协调。

第二个大的项目是国家重大专项高分辨率对地观测系统，是国家16个重大专项之一。系统论证部承担的任务是系统总体与软环境部分，做了大系统协调、系统仿真、信息化建设三个课题。在软环境建设中，运用系统工程的理论做了总体设计方案，并在系统工程管理中提出了一些新的想法，比如提出了一个工程管理的三维模型。这个三维模型是由三个轴即时间轴、管理要素轴和产品轴组成。管理维度就是管理要素的维度为主；管理要素包括计划、质量、风险、经费等；时间维度是以时间为节点（schedule）；产品维度涉及到系统，大系统中有小系统，小系统中有分系统，非常复杂。我们运用系统工程管理的思路提出这样一种新的管理模式和管理方法，并提出了一系列方案，将来把这三维模型用信息化的手段建立成一种管理系统，就属于系统工程管理上的创新。

四、系统工程发展存在的问题及今后的发展方向

现在的系统工程的核心是从总体到分解，分解成独立的元素，然后加以解决，最后又把各个元素集成起来。但是存在的问题是有些问题分解不开，这个问题需要人们在理论上进行解决。很多学科的发展如果不与定量化、数学的思想结合起来，很难成为一种比较客观的工具或者是方法，所以必须要用数学进行定量化。

近年来，美国 NASA 的前局长迈克尔·格里芬提出了一个新论点，就是从复杂度方面发展系统工程。复杂之处在于网络、软件、通信等方面，过去的系统工程能自上而下的逐步分解，然后再自下而上集成，也就是我们所说的 V 字模型。现在美国、欧洲出现了在过程管理中完全按照系统工程的思想去一步一步地实现，但是在集成的过程或者研制过程中却发现了很多问题，而且有些问题是在研制完成之后，或者在试发射或试运行的过程中。对于这些问题的解决，必须要有一种革命性、创新性的思维和想法，不能在系统工程原来的框框中去改良、变革。刘海滨总工建议，在今后的工作中，结合国家重大工程研究，探索性地进行系统工程理论方面的创新。

专家主要著作或成果

1. Liu, H.B.(1998,5) “Theoretical study of artificial neural networks with magnetic field information”, ISBN4-8419-0189-2, UMI Press.

2. Liu, H.B., Shi, S.Y., etc. “Research on Process Modeling of Rocket Design based on Knowledge Reuse”, The Proceedings of the First International Conference on Advances in Satellite and Space Communications (SPACOMM 2009), 2009,6.

3. Shi, Q, Liu, H.B., etc. “Knowledge Modeling of Innovation Design for Complex Product based on Ontology”, The Proceedings of the First International Conference on Advances in Satellite and Space Communications (SPACOMM 2009), 2009,6.

4. Chang, H.L., Yang, H.C., Liu, H.B., “A study on quality management for Aerospace product with multilevel suppliers”, The Proceedings of the First International Conference on Advances in Satellite and Space Communications (SPACOMM 2009), 2009,6.

5. Liu, H.B., Wang, Y.B. “A Method for Multi-project with Resource constraints based on

Greedy Strategy", The Proceedings of the Fifth International Conference on Autonomic and Autonomous Systems (ICAS 2009), IEEE Computer Society Press（EI、ISTP 收录）2009,4.